Elemente der Mathematik

EdM

RHEINLAND-PFALZ

6. Schuljahr
Lösungen

Herausgegeben von
Heinz Griesel
Helmut Postel
Friedrich Suhr
Werner Ladenthin
Matthias Lösche

Schroedel
westermann

ELEMENTE DER MATHEMATIK 6
Rheinland-Pfalz
Lösungen zum Schülerband Best.-Nr. 88506
Herausgegeben und bearbeitet von
Prof. Dr. Heinz Griesel, Prof. Helmut Postel, Friedrich Suhr, Werner Ladenthin, Matthias Lösche

Bearbeitet von
Lutz Breidert, Gabriele Dybowski, Dr. Beate Goetz, Reinhard Kind,
Werner Ladenthin, Matthias Lösche, Kerstin Schäfer, Thomas Sperlich, Friedrich Suhr,
Prof. Dr. Hans-Georg Weigand, Ulrike Willms

Für Rheinland-Pfalz bearbeitet von
Hermann-Josef Keul, Michael Meyer

westermann GRUPPE

© 2016 Bildungshaus Schulbuchverlage
Westermann Schroedel Diesterweg Schöningh
Winklers GmbH, Braunschweig
www.schroedel.de

Druck A⁴ / Jahr 2019
Alle Drucke der Serie A sind parallel verwendbar.

Redaktion: Lena Schenk, Claus Peter Witt
Umschlagentwurf: LIO Design GmbH, Braunschweig
Zeichnungen: Schlierf, Type & Design, Lachendorf; Langner & Partner, Hemmingen
Druck und Bindung: Westermann Druck GmbH, Braunschweig

ISBN 978-3-507-**88508**-0

Inhaltsverzeichnis

Bildquellen:

|mauritius images GmbH, Mittenwald: Danita Delimont Titel.

Bleib fit im Umgang mit Brüchen

9

1. a) $\frac{1}{2}$; $\frac{10}{12} = \frac{5}{6}$; $\frac{17}{20}$; $1\frac{2}{3}$

2. a) $\frac{12}{16} = \frac{6}{8} = \frac{3}{4}$ b) $\frac{4}{16} = \frac{2}{8} = \frac{1}{4}$ c) $\frac{4}{8} = \frac{2}{4} = \frac{1}{2}$ d) $\frac{1}{4}$

10

3. a) $\frac{2}{3}$ b) $\frac{7}{8}$ c) $\frac{2}{3}$ d) $\frac{5}{6}$

4. a) Weiß: $\frac{1}{2}$ b) Grün: $\frac{2}{3}$ c) Rot: $\frac{4}{5}$ d) Grün: $\frac{1}{3}$

     Rot: $\frac{1}{2}$ Weiß: $\frac{1}{3}$ Weiß: $\frac{1}{5}$ Gelb: $\frac{1}{3}$

                                                        Rot: $\frac{1}{3}$

5. a) $\frac{5}{8}$ Das Rechteck wurde zunächst in zwei Teile geteilt und dann jedes Teil noch einmal in vier Teile.

   b) $\frac{1}{3}$ Das Rechteck wurde in drei Teile geteilt.

   c) $\frac{5}{9}$ Das Dreieck wurde in neun Teile geteilt.

   d) $\frac{5}{3} = 1\frac{2}{3}$ Jedes Rechteck wurde in 3 Teile geteilt.

6. a) $\frac{2}{6} = \frac{1}{3}$ b) $\frac{3}{8}$ c) $\frac{3}{4}$ d) $\frac{2}{3}$

7. a) 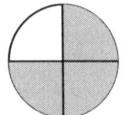   b) 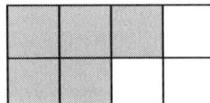   c)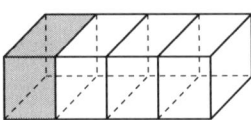

   d)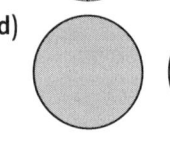

8. a) $\frac{10}{16} = \frac{5}{8}$ b) $\frac{4}{6} = \frac{2}{3}$ c) $\frac{3}{3} = 1$ d) $\frac{2}{4} = \frac{1}{2}$

9. a) $\frac{5}{2}$; $\frac{13}{3}$; $\frac{7}{4}$; $\frac{31}{6}$; $\frac{17}{5}$; $\frac{11}{8}$; $\frac{9}{4}$ b) $3\frac{1}{2}$; $1\frac{2}{3}$; $2\frac{1}{4}$; $1\frac{1}{5}$; $4\frac{1}{5}$; $8\frac{1}{3}$; $4\frac{3}{7}$

10. a) (1) $\frac{2}{4}$; $\frac{8}{10}$; $\frac{4}{14}$; $\frac{6}{4}$; $\frac{10}{6}$ (2) $\frac{4}{8}$; $\frac{16}{20}$; $\frac{8}{28}$; $\frac{12}{8}$; $\frac{20}{12}$ (3) $\frac{5}{10}$; $\frac{20}{25}$; $\frac{10}{35}$; $\frac{15}{10}$; $\frac{25}{15}$

    b) (1) $\frac{27}{36}$; $\frac{4}{36}$; $\frac{15}{36}$; $\frac{6}{36}$; $\frac{54}{36}$ (2) $\frac{54}{72}$; $\frac{8}{72}$; $\frac{30}{72}$; $\frac{12}{72}$; $\frac{108}{72}$

11

11. $\frac{3}{4}$; $\frac{4}{5}$; $\frac{3}{4}$; $\frac{1}{4}$; 3; $\frac{2}{3}$; $\frac{3}{5}$; $\frac{1}{5}$; $\frac{5}{3}$; $\frac{3}{8}$; $\frac{1}{4}$; $\frac{2}{7}$

1. Bruchzahlen

11

Einstiegsseite:

$2\frac{1}{2}$ h = 2 h 15 min; $\frac{1}{2}$ kg = 500 g; $\frac{3}{4}$ l = 750 ml und $\frac{1}{2}$ l = 500 ml, also

$\frac{3}{4}$ l + $\frac{1}{2}$ l = 750 ml + 500 ml = 1 250 ml = 1 l 250 ml = $1\frac{1}{4}$ l

Lernfeld: Mehr oder weniger Bruch

12

1. Auftrag: Brüche bei Schokoladentafeln
Keine Lösungen

2. Auftrag: Bruchmessbecher
→ $\frac{2}{5} + \frac{1}{2} = \frac{4}{10} + \frac{5}{10} = \frac{9}{10}$
→ Keine Lösungen

1.1 Bruch als Quotient natürlicher Zahlen

14

1. a) $\frac{3}{4}$ b) $\frac{4}{3}$ c) $\frac{15}{6}$ d) $\frac{2}{14}$

2. a) (1) Von einem Ganzen 4 Fünftel.   (2) Von vier Ganzen je ein Fünftel.
   b) (1) Von einem Ganzen 3 Siebtel.   (2) Von drei Ganzen je ein Siebtel.
   c) (1) Von einem Ganzen 5 Sechstel.   (2) Von fünf Ganzen je ein Sechstel.
   d) (1) Von einem Ganzen 5 Achtel.   (2) Von fünf Ganzen je ein Achtel.

3. a) $\frac{5}{8}$ b) $\frac{2}{6}$ c) $\frac{20}{3} = 6\frac{2}{3}$ d) $\frac{9}{1} = 9$ e) $\frac{0}{7} = 0$ f) $\frac{1}{7}$
   $\frac{8}{5} = 1\frac{3}{5}$ $\frac{6}{2} = 3$ $\frac{3}{20}$ $\frac{1}{9}$ $\frac{0}{1} = 0$ $\frac{7}{1} = 7$

4. a) $13\frac{2}{5}$ c) 16   e) $11\frac{11}{12}$ g) 73
   b) $16\frac{4}{6}$ d) $13\frac{2}{7}$ f) $15\frac{12}{25}$ h) $120\frac{75}{77}$

5. a) $4\frac{1}{7}$ b) $7\frac{1}{6}$ c) $5\frac{4}{9}$ d) $11\frac{5}{8}$ e) $25\frac{1}{10}$ f) $16\frac{4}{5}$

6. 1 l $\left(\frac{3}{4}\text{l};\ \frac{3}{5}\text{l}\right)$

7. a) $\frac{3}{20}$ kg = 150 g   b) $\frac{4}{25}$ kg = 160 g

8. a) $\frac{3}{4}$ m³ = 750 dm³   c) $\frac{11}{25}$ t = 440 kg   e) $\frac{7}{20}$ l = 350 ml
   b) $\frac{3}{8}$ m² = 3750 cm²   d) $\frac{7}{8}$ m = 875 mm   f) $\frac{2}{4}$ g = 500 mg

1.2 Anteile bei beliebigen Größen – Drei Grundaufgaben

1.2.1 Bestimmen eines Teils von einer Größe

15 **Einstieg:**

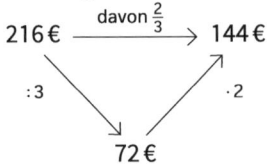 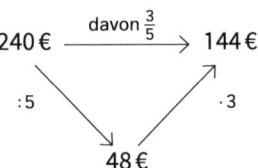

Z.B.: Wie viel überweisen die Klassen 6a und 6b jeweils?
Antwort: Beide Klassen überweisen je 144 €.

16 2. a) Laura dividiert zunächst durch 3 und multipliziert dann mit 2. David
multipliziert zunächst mit 2 und dividiert dann durch 3. Sie erhalten beide
dasselbe Ergebnis.

b) (1) $36\,km \xrightarrow{:3} 12\,km \xrightarrow{\cdot 2} 24\,km$ $\qquad$ $36\,km \xrightarrow{\cdot 2} 72\,km \xrightarrow{:3} 24\,km$

(2) $30\,min \xrightarrow{:3} 10\,min \xrightarrow{\cdot 2} 20\,min$ $\qquad$ $30\,min \xrightarrow{\cdot 2} 60\,min \xrightarrow{:3} 20\,min$

(3) $12\,€ \xrightarrow{:3} 4\,€ \xrightarrow{\cdot 2} 8\,€$ $\qquad$ $12\,€ \xrightarrow{\cdot 2} 24\,€ \xrightarrow{:3} 8\,€$

(4) $18\,dm^2 \xrightarrow{:3} 6\,dm^2 \xrightarrow{\cdot 2} 12\,dm^2$ $\qquad$ $18\,dm^2 \xrightarrow{\cdot 2} 36\,dm^2 \xrightarrow{:3} 12\,dm^2$

[(1) $36\,km \xrightarrow{:10} 3600\,m \xrightarrow{\cdot 5} 18\,km$ $\qquad$ $36\,km \xrightarrow{\cdot 5} 180\,km \xrightarrow{:10} 18\,km$

(2) $30\,min \xrightarrow{:10} 3\,min \xrightarrow{\cdot 5} 15\,min$ $\qquad$ $30\,min \xrightarrow{\cdot 5} 150\,min \xrightarrow{:10} 15\,min$

(3) $12\,€ \xrightarrow{:10} 120\,ct \xrightarrow{\cdot 5} 6\,€$ $\qquad$ $12\,€ \xrightarrow{\cdot 5} 60\,€ \xrightarrow{:10} 6\,€$

(4) $18\,dm^2 \xrightarrow{:10} 180\,cm^2 \xrightarrow{\cdot 5} 9\,dm^2$ $\qquad$ $18\,dm^2 \xrightarrow{\cdot 5} 90\,dm^2 \xrightarrow{:10} 9\,dm^2$]

Wenn man zuerst multipliziert, erhält man größere Zahlen, aber man
erspart sich ggf. das Umrechnen in kleinere Einheiten.

3. a) 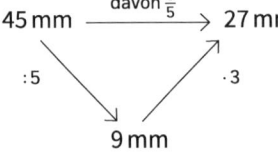 c) 35 l $\xrightarrow{\text{davon } \frac{3}{5}}$ 21 l

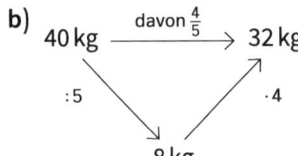 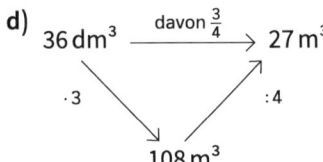

4. a) 18 m $\qquad$ b) 48 km $\qquad$ c) 10 l $\qquad$ d) 1875 g

16

5. **a)** **(1)** 20 cm   **(2)** 40 cm   **c)** **(1)** 10 cm   **(2)** 20 cm
    b) **(1)** 6 cm   **(2)** 12 cm   **d)** **(1)** 4 cm   **(2)** 8 cm

6. **a)**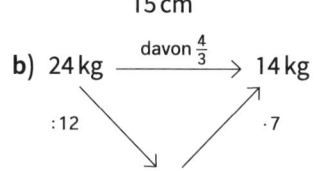

   c)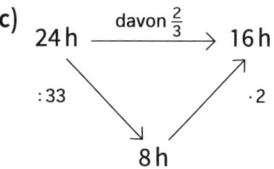

   b) 24 kg $\xrightarrow{\text{davon } \frac{4}{3}}$ 14 kg
    : 12   · 7
       2 kg

   d)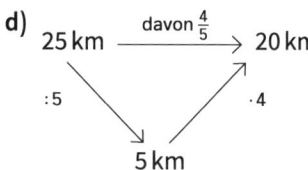

7. **a)** 6,75 €; Kai hat durch 3 dividiert und mit 4 multipliziert.
   b) richtig
   c) 25 l; Kai hat die Einheit l vergessen.

8. **a)** 40 Cent   **b)** 625 m   **c)** 45 min   **d)** 5 Monate

17

9. Lars verliert 36 Spielsteine und hat am Ende des Spiels noch 12 Spielsteine.

10. Janesch muss 84 € sparen. Die Eltern geben 56 € dazu.

11. An der Schule sind 240 Jungen und 180 Mädchen.

1.2.2 Bestimmen des Ganzen

Einstieg:
Z. B. *Frage:* Wie viel Meter Zaun müssen sie insgesamt streichen?
Rechnung:
Rückgängig machen:

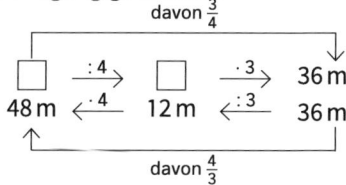

Antwort: Sie müssen insgesamt 48 m Zaun streichen.

18

2. a)

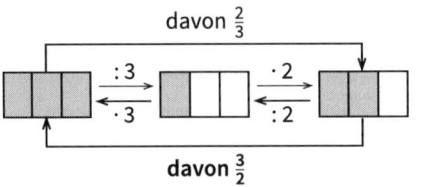

davon $\frac{2}{3}$

davon $\frac{3}{2}$

b)

davon $\frac{3}{4}$

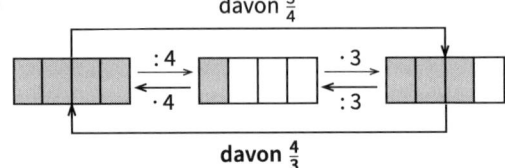

davon $\frac{4}{3}$

3. a)

davon $\frac{2}{9}$

$\square$ $\xrightarrow{:9}$ $\square$ $\xrightarrow{\cdot 2}$ 10 min

45 min $\xleftarrow{\cdot 9}$ 5 min $\xleftarrow{:2}$ 10 min

davon $\frac{9}{2}$

d)

davon $\frac{2}{4}$

$\square$ $\xrightarrow{:4}$ $\square$ $\xrightarrow{\cdot 2}$ 300 g

600 g $\xleftarrow{\cdot 4}$ 150 g $\xleftarrow{:2}$ 300 g

davon $\frac{4}{2}$

b)

davon $\frac{3}{4}$

$\square$ $\xrightarrow{:4}$ $\square$ $\xrightarrow{\cdot 3}$ 21 l

28 l $\xleftarrow{\cdot 4}$ 7 l $\xleftarrow{:3}$ 21 l

davon $\frac{4}{3}$

e)

davon $\frac{1}{5}$

$\square$ $\xrightarrow{:5}$ $\square$ $\xrightarrow{\cdot 1}$ 12 s

60 s $\xleftarrow{\cdot 5}$ 12 s $\xleftarrow{:1}$ 12 s

davon $\frac{5}{1}$

c)

davon $\frac{6}{11}$

$\square$ $\xrightarrow{:11}$ $\square$ $\xrightarrow{\cdot 6}$ 30 t

55 t $\xleftarrow{\cdot 11}$ 5 t $\xleftarrow{:6}$ 30 t

davon $\frac{11}{6}$

f)

davon $\frac{5}{9}$

$\square$ $\xrightarrow{:9}$ $\square$ $\xrightarrow{\cdot 5}$ 12 h

1296 min $\xleftarrow{\cdot 9}$ 144 min $\xleftarrow{:5}$ 12 h

davon $\frac{11}{6}$

4. a) 65 kg
84 l

b) 130 m
124 g

c) 200 dm³
528 h

5. a) 12 kg
56 km

b) 12 kg
35 m²

c) 64 m³
12 s

6. 9 Spielmarken

7. 28 Stimmen

8. Die Rasenfläche ist 250 m² groß.

18

9. a) 1 l Buttermilch: 0,86 €; 1 l Sahne: 2,76 €; 1 l Orangensaft: 0,60 €;
1 l Apfelsaft: 1,10 €; 1 kg Wurst: 6,40 €; 1 kg Brot: 2,76 €

b) Z. B. *Frage:* Wie viel kosten $\frac{3}{4}$ kg Wurst?

Rechnung: $\frac{3}{4}$ von 6,40 € = 4,80 € *Antwort:* $\frac{3}{4}$ kg Wurst kosten 4,80 €.

1.2.3 Bestimmen des Anteils

19

Einstieg:
Sie haben $\frac{7}{12}$ der Strecke geschafft, $\frac{5}{12}$ der Strecke bleiben ihnen noch.

2. a) davon $\frac{5}{8}$ b) davon $\frac{3}{2}$ c) davon $\frac{7}{8}$

3. a) $20 € \xrightarrow{:20} 1 € \xrightarrow{\cdot 7} 7 €$ davon $\frac{7}{20}$ d) $18\,m \xrightarrow{:3} 6\,m \xrightarrow{\cdot 2} 12\,m$ davon $\frac{2}{3}$

b) $8\,g \xrightarrow{:8} 1\,g \xrightarrow{\cdot 5} 5\,g$ davon $\frac{5}{8}$

4. a) $40\,cm \xrightarrow{:40} 1\,cm \xrightarrow{\cdot 24} 24\,cm$ $40\,cm \xrightarrow{:5} 8\,cm \xrightarrow{\cdot 3} 24\,cm$
davon $\frac{24}{40}$ davon $\frac{3}{5}$

$\frac{24}{40} = \frac{3}{5}$

b) $160\,g \xrightarrow{:160} 1\,g \xrightarrow{\cdot 120} 120\,g$ $160\,g \xrightarrow{:16} 10\,g \xrightarrow{\cdot 12} 120\,g$
davon $\frac{120}{160}$ davon $\frac{12}{16}$

$\frac{120}{160} = \frac{12}{16} = \frac{3}{4}$

c) $120\,l \xrightarrow{:120} 1\,l \xrightarrow{\cdot 9} 9\,l$ $120\,l \xrightarrow{:40} 3\,l \xrightarrow{\cdot 3} 9\,l$
davon $\frac{9}{120}$ davon $\frac{3}{40}$

$\frac{9}{120} = \frac{3}{40}$

Der Anteil ist jeweils gleich groß.

5. a) $\frac{7}{9}$ b) $\frac{25}{40} = \frac{5}{8}$ c) $\frac{40}{60} = \frac{2}{3}$ d) $\frac{11}{20}$

20

6. a) $\frac{16}{24} = \frac{2}{3}$ b) $\frac{10}{14} = \frac{5}{7}$ c) $\frac{36}{48} = \frac{3}{4}$

7. a) $\frac{7}{15}$ b) $\frac{27}{54} = \frac{3}{6}$ c) $\frac{45}{60} = \frac{3}{4}$ d) $\frac{48}{54} = \frac{8}{9}$

8. Zu Fuß: $\frac{7}{26}$ Fahrrad: $\frac{5}{26}$ Bus: $\frac{14}{26} = \frac{7}{13}$

20

9. $\frac{1}{4}$ voll; $\left[\frac{1}{2}$ voll; $\frac{1}{1}$ voll, also ganz voll$\right]$

10. $\frac{4}{30} = \frac{2}{15}$

1.2.4 Angabe von Anteilen in Prozent

Einstieg:
100 % = 1, also nur Baumwolle.
 50 % = $\frac{1}{2}$; also nur die Hälfte der Kalorien.
 20 % = $\frac{1}{5}$, also $\frac{1}{5}$ Preisnachlass.

21

2. a) blau: 38 %   b) blau: 88 %   c) blau: 54 %
       gelb: 62 %   gelb: 12 %   gelb: 46 %

3. *Beispiele:*

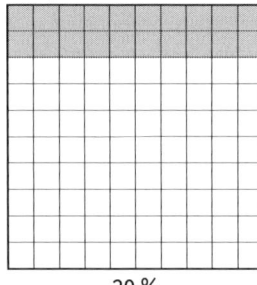

20 %

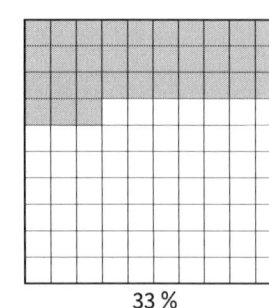

26 %   33 %

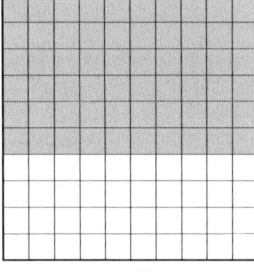

60 %

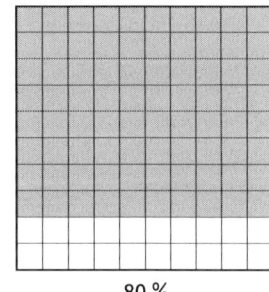

55 %   80 %

4. a) 2 % = $\frac{2}{100}$; 16 % = $\frac{16}{100}$; 28 % = $\frac{28}{100}$; 35 % = $\frac{35}{100}$; 54 % = $\frac{54}{100}$; 89 % = $\frac{89}{100}$;
       100 % = $\frac{100}{100}$
   b) $\frac{7}{100} = 7\,\%$; $\frac{22}{100} = 22\,\%$; $\frac{34}{100} = 34\,\%$; $\frac{76}{100} = 76\,\%$; $\frac{82}{100} = 82\,\%$; $\frac{94}{100} = 94\,\%$

5. 5 % = $\frac{5}{100} = \frac{1}{20}$; 15 % = $\frac{15}{100} = \frac{3}{20}$; 20 % = $\frac{20}{100} = \frac{1}{5}$; 25 % = $\frac{25}{100} = \frac{1}{4}$;
    45 % = $\frac{45}{100} = \frac{9}{20}$; 66 % = $\frac{66}{100} = \frac{33}{50}$; 84 % = $\frac{84}{100} = \frac{21}{25}$; 100 % = $\frac{100}{100} = \frac{1}{1} = 1$

21

6. a) $\frac{1}{2} = \frac{50}{100} = 50\,\%$; $\frac{2}{3}$ kann man nicht auf einen Hundertstelbruch erweitern.

$\frac{1}{4} = \frac{25}{100} = 25\,\%$; $\frac{3}{4} = \frac{75}{100} = 75\,\%$; $\frac{1}{5} = \frac{20}{100} = 20\,\%$; $\frac{2}{5} = \frac{40}{100} = 40\,\%$; $\frac{3}{5} = \frac{60}{100} = 60\,\%$;

$\frac{4}{5} = \frac{80}{100} = 80\,\%$; $\frac{5}{6}$ kann man nicht auf einen Hundertstelbruch erweitern.

b) $\frac{1}{10} = \frac{10}{100} = 10\,\%$; $\frac{3}{10} = \frac{30}{100} = 30\,\%$; $\frac{1}{20} = \frac{5}{100} = 5\,\%$; $\frac{11}{20} = \frac{55}{100} = 55\,\%$;

$\frac{1}{25} = \frac{4}{100} = 4\,\%$;

$\frac{8}{25} = \frac{32}{100} = 32\,\%$; $\frac{3}{30} = \frac{1}{10} = \frac{10}{100} = 10\,\%$; $\frac{5}{30} = \frac{1}{6}$ kann man nicht auf einen

Hunderstelbruch erweitern.

7. a) $\frac{20}{100} = 20\,\%$ b) $\frac{43}{100} = 43\,\%$ c) $\frac{84}{200} = \frac{42}{100} = 42\,\%$ d) $\frac{7}{20} = \frac{35}{100} = 35\,\%$

8. Eiscreme besteht zu $\frac{1}{10}$ aus Fett.

30 % der Schüler einer Schule kommen mit dem Bus zur Schule.

$\frac{5}{100} = \frac{1}{20}$ der Deutschen leben in Rheinland-Pfalz.

75 % des Benzinpreises sind Steuern.

Beim Ausverkauf hat ein Geschäft alle Preise um 50 % gekürzt.

Das Fußballstadion war am letzten Spieltag nur zu 80 % besetzt.

$\frac{42}{100} = \frac{21}{50}$ der Fläche von Rheinland-Pfalz ist mit Wald bedeckt.

$\frac{1}{5}$ der Schüler einer Klasse kommen mit dem Bus.

9. –

1.2.5 Vermischte Übungen

22

1. 10 km

2. 24 Schülerinnen und Schüler

3. $\frac{24}{30} = \frac{4}{5} = \frac{25}{100} = 25\,\%$

4. $\frac{1}{4}$ des Preises

5. Der abgeschnittene Träger wiegt 192 kg. Der restliche Träger wiegt 64 kg, also $\frac{1}{4}$ des ursprünglichen Gewichtes.

6. Der Fernseher kostet 1200 €.

7. $\frac{32}{56} = \frac{4}{7}$

22

8. Z. B. *Frage:* Wie viel zahlt ein Kind von 6 bis 12 Jahren mit der Bahncard 50 für eine einfache Fahrt mit dem ICE von Wiesbaden nach Nürnberg?
Rechnung:
Preis für eine einfache Fahrt für Erwachsene: 24 €
Preis für eine einfache Fahrt für ein Kind: 50 % von 24 € = $\frac{1}{2}$ von 24 € = 12 €
Preis für eine einfache Fahrt für ein Kind mit Bahncard 50:
50 % von 12 € = $\frac{1}{2}$ von 12 € = 6 €
Antwort: Die Fahrt kostet 6 €.

9. Die gesamte Strecke ist 85 km lang. Sie muss also noch 51 km zurücklegen.

10. Sie haben insgesamt 120 € gesammelt, davon entfallen auf Julia $\frac{40}{120} = \frac{1}{3}$, auf Lena $\frac{50}{120} = \frac{5}{12}$ und auf Michael $\frac{30}{120} = \frac{1}{4}$.

11. a) 116 kg   **b)** 230 kg   **c)** 314 kg

12. a) 15 Mädchen   **c)** 22 Schüler(innen)
    b) 8 Auswärtige   **d)** 21 Jungen; $\frac{21}{36} = \frac{7}{12}$

23

13. Julia: 10 800 €   Laura: 2700 €   Daniel: 5400 €

14. a) Hartmanns: 7000 l   **b)** Hartmanns: 2450 €
      Kruses: 3500 l   Kruses: 1225 €

15. a) Julia zahlt zu Beginn des Jahres $\frac{3}{4}$ von 180 €, also 135 € ein. Am Ende des Jahres hat sie noch $\frac{4}{5}$ von 135 €, also 108 €, auf dem Konto.

   b)
$$180 € \xrightarrow{\ :180\ } 1 € \xrightarrow{\ \cdot 108\ } 108 €$$
davon $\frac{108}{180}$

Es sind $\frac{108}{180} = \frac{3}{5}$ des ursprünglichen Betrages.

   c)

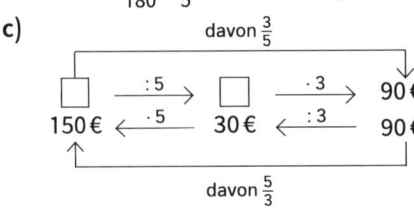

16. 1. Bauabschnitt: 50 % von 200 km = $\frac{1}{2}$ von 200 km = 100 km

    2. Bauabschnitt: 30 % von 200 km = $\frac{3}{10}$ von 200 km = 60 km

    3. Bauabschnitt: 20 % von 200 km = $\frac{1}{5}$ von 200 km = 40 km

23

17. a) Z. B. *Frage:* Wie viele Fahrräder hatten keine Mängel?

Rechnung:

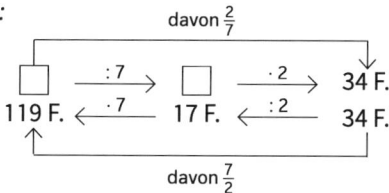

Es wurden insgesamt 119 Fahrräder kontrolliert.

Antwort: 85 Fahrräder hatten keine Mängel.

b) Z. B. *Frage:* Wie viel Wasser enthalten 2,5 kg Kartoffeln?

Rechnung: $\frac{4}{5}$ von 2,5 kg = $\frac{4}{5}$ von 2 500 g = 2 000 g = 2 kg = 2 l

Antwort: 2,5 kg Kartoffeln enthalten 2 l Wasser.

c) Z. B. *Frage:* Wie hoch ist der Anteil der Schülerinnen und Schüler, die in einem Sportverein sind?

Rechnung: $\frac{12}{28} = \frac{3}{7}$

Antwort: $\frac{3}{7}$ der Schülerinnen und Schüler sind in einem Sportverein.

d) Z. B. *Frage:* Wie viel kosten die Inline-Skates im Räumungsverkauf?

Rechnung: $\frac{3}{20}$ von 140 € = 21 €

Antwort: Die Inline-Skates kosten nun 140 € – 21 € = 119 €.

e) Z. B. *Frage:* Wie hoch ist der Anteil der Haferflocken?

Rechnung: $\frac{75}{250} = \frac{3}{10}$

Antwort: Die Anteil der Haferflocken im Müsli beträgt $\frac{3}{10}$.

f) Z. B.: *Frage:* Wie lang ist die Radtour insgesamt?

Rechnung:

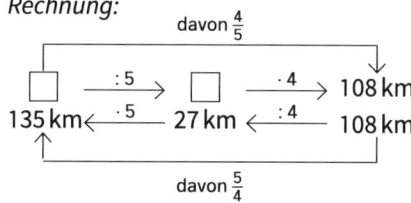

Antwort: Die Radtour ist 135 km lang.

23   *Das kann ich noch!*

A) 1) g ∦ h   2) g ∦ h   3) g ∦ h
        g ⊥ h   g ⊥ h   g ⊥ h
        g ∦ i   g ∦ i   g ∦ i
        g ⊥ i   g ⊥ i   g ⊥ i
        h ∥ i   h ∦ i   g ∦ j
        h ⊥ i   h ⊥ i   g ⊥ j
                                         h ∥ i
                                         h ⊥ i
                                         h ∦ j
                                         h ⊥ j
                                         i ∦ j
                                         i ⊥ j

1.3   Mischungs- und Teilverhältnisse

24   **Einstieg:**

Z. B.: Wie viel l Cool-Car-Frostschutz benötigt man um einen Frostschutz bis zu –20° zu sichern?

Antwort: Man benötigt 2 l Cool-Car-Kühlerfrostschutz und 4 l Wasser.

Z. B.: Wie viel l Cool-Car-Frostschutz benötigt man um einen Frostschutz bis zu –27° zu sichern?

Antwort: Man benötigt 2 l 400 ml Cool-Car-Kühlerfrostschutz und 3 l 600 ml Wasser.

Z. B.: Wie viel l Cool-Car-Frostschutz benötigt man um einen Frostschutz bis zu –40° zu sichern?

Antwort: Man benötigt 3 l Cool-Car-Kühlerfrostschutz und 3 l Wasser.

25   **3. a)** 7 : 1

       b) (1) 175 ml und 25 ml   **(2)** 3,5 l und 0,5 l   **(3)** 1,5 l und 0,3 l

       c) Z. B.: Wie viel Himbeersirup und wie viel Sodawasser muss Anne nehmen, wenn sie 3 l Fruchtgetränk herstellen möchte?

          Antwort: Sie benötigt 500 ml Himbeersirup und $2\frac{1}{2}$ l Sodawasser.

4.   225 € bzw. 300 €

5.   Man benötigt 1 l Frostschutzmittel und 1,5 l Wasser.

6. $\frac{3}{5} : \frac{2}{5} = \frac{3}{2} = 3 : 2$

1.4 Zahlenstrahl – Zahlenstrahl

26 Einstieg:
Keine Lösungen

2. a)

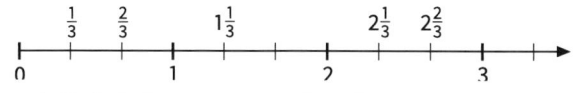

b)

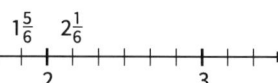

27 **3. a)**

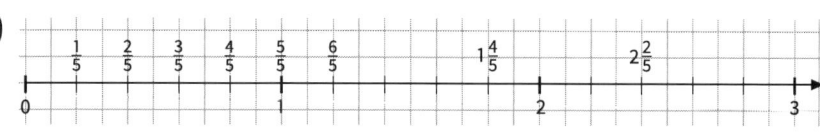

b)

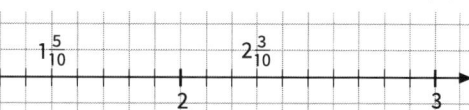

4. a)

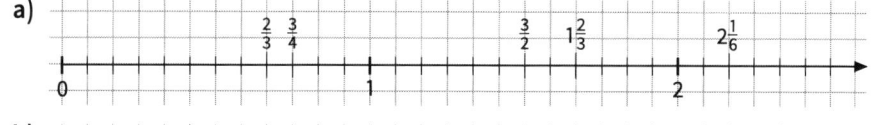

b)

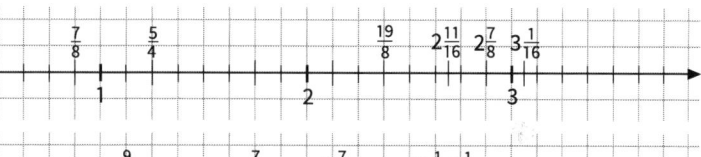

c)

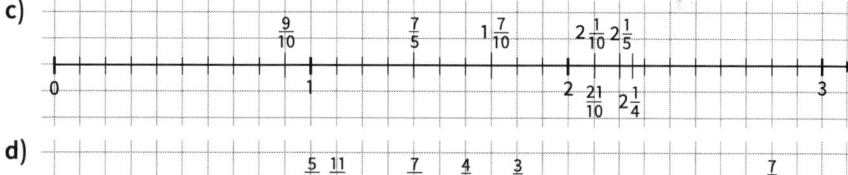

d)

5. Die Skalen sind nicht immer geradlinig.

6. a) $F = \frac{1}{24}$; $C = \frac{1}{12}$; $A = \frac{1}{8}$; $B = \frac{3}{8}$; $E = \frac{7}{12}$; $D = \frac{11}{12}$

   b) $C = \frac{1}{12}$; $E = \frac{7}{12}$; $F = 1\frac{1}{24}$; $D = 1\frac{1}{4}$; $A = 1\frac{2}{3}$; $B = 1\frac{5}{6}$

27

7. a) $A = \frac{1}{4}$; $B = \frac{1}{3}$; $C = \frac{5}{12}$; $D = \frac{1}{2}$; $E = \frac{2}{3}$; $F = \frac{3}{4}$; $G = 1\frac{1}{12}$; $H = 1\frac{1}{3}$

b)

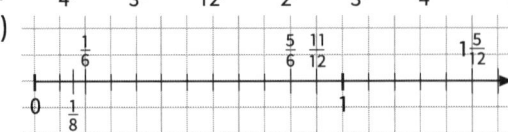

c) *Beispiele:*

$A = \frac{2}{8} = \frac{4}{16}$; $B = \frac{2}{6} = \frac{4}{12}$; $C = \frac{10}{24} = \frac{20}{48}$; $D = \frac{2}{4} = \frac{4}{8}$; $E = \frac{4}{6} = \frac{8}{12}$;

$F = \frac{6}{8} = \frac{12}{16}$; $G = 1\frac{2}{24} = 1\frac{4}{48}$; $H = 1\frac{2}{6} = 1\frac{4}{12}$

8. –

9. a) (2) $\frac{4}{6}$ (3) $\frac{6}{9}$ b) $\frac{8}{12}$; $\frac{10}{15}$; $\frac{12}{18}$; …

10. $\frac{1}{4}$, $\frac{2}{8}$ und $\frac{3}{12}$ $\frac{10}{6}$ und $\frac{5}{3}$; $\frac{8}{12}$, $\frac{2}{3}$ und $\frac{4}{6}$

11. $\frac{12}{6} = 2$; $\frac{0}{10} = 0$; $\frac{13}{1} = 13$; $\frac{14}{2} = 7$; $\frac{15}{3} = 5$; $\frac{16}{4} = 4$; $\frac{18}{6} = 3$

12. a) $2\frac{3}{4}$ b) $3\frac{8}{9}$ c) $\frac{1}{2}$ d) $2\frac{3}{8}$ e) $2\frac{5}{12}$

1.5   Ordnen von Bruchzahlen

28

Einstieg:

Sophie: $\frac{10}{24} = \frac{5}{12}$; Max: $\frac{5}{10} = \frac{1}{2}$; Juan: $\frac{12}{28} = \frac{3}{7}$

$\frac{5}{12} = \frac{35}{84}$, $\frac{1}{2} = \frac{42}{84}$, $\frac{3}{7} = \frac{36}{84}$

$\frac{42}{84} > \frac{36}{84} > \frac{35}{84}$, also $\frac{1}{2} > \frac{3}{7} > \frac{5}{12}$

Max hat am meisten übrig, Sophie am wenigsten.

29

2. $\frac{8}{10} = \frac{16}{20}$ und $\frac{9}{10} = \frac{18}{20}$; dazwischen liegt $\frac{17}{20}$

$\left[\frac{8}{10} = \frac{80}{100} \text{ und } \frac{9}{10} = \frac{90}{100}; \text{ dazwischen liegen } \frac{81}{100}, \frac{82}{100}, …, \frac{89}{100} \right]$

$\left[\frac{8}{10} = \frac{8008}{10010} \text{ und } \frac{9}{10} = \frac{9009}{10010}; \text{ dazwischen liegen } \frac{8009}{10010}, \frac{8010}{10010}, …, \frac{9008}{10010} \right]$

3. $\frac{1}{4}l = \frac{10}{40}l$; $\frac{3}{8}l = \frac{15}{40}l$; $\frac{1}{8}l = \frac{5}{40}l$; $\frac{1}{10}l = \frac{4}{40}l$

Man muss am meisten vom Ananassaft nehmen und am wenigsten vom Vanillesirup bzw. vom Zitronensaft.

4. a) Rot 96 Kästchen; Blau 80 Kästchen; Rot ist größer.

b) Rot 100 Kästchen; Blau 96 Kästchen; Rot ist größer.

c) Rot 90 Kästchen; Blau 84 Kästchen; Rot ist größer.

29

5. a) $\frac{3}{4}$h $= \frac{9}{12}$h; $\frac{3}{4}$h ist länger als $\frac{7}{12}$h.

b) $\frac{2}{3}$h $= \frac{8}{12}$h; $\frac{3}{4}$h $= \frac{9}{12}$h; $\frac{3}{4}$h ist länger als $\frac{2}{3}$h.

c) $\frac{5}{6}$h $= \frac{25}{30}$h; $\frac{9}{10}$h $= \frac{27}{30}$h; $\frac{9}{10}$ ist länger als $\frac{5}{6}$h.

d) $\frac{9}{10}$h $= \frac{54}{60}$h; $\frac{11}{12}$h $= \frac{55}{60}$h; $\frac{11}{12}$h ist länger als $\frac{9}{10}$h.

6. a) $\frac{5}{8}$kg $= \frac{25}{40}$kg; $\frac{11}{10}$kg $= \frac{44}{40}$kg; $\frac{5}{8}$kg $< \frac{11}{10}$kg

$\frac{5}{8}$kg $= 625$g; $\frac{11}{10}$kg $= 1100$g; 625g < 1100g

b) $\frac{7}{20}$h $= \frac{21}{60}$h; $\frac{5}{12}$h $= \frac{25}{60}$h; $\frac{7}{20}$h $< \frac{5}{12}$h

$\frac{7}{20}$h $= 21$min; $\frac{5}{12}$h $= 25$min; 21min < 25min

c) $\frac{3}{4}$m $= \frac{75}{100}$m; $\frac{2}{5}$m $= \frac{40}{100}$m; $\frac{6}{25}$m $= \frac{24}{100}$m; $\frac{3}{4}$m $> \frac{2}{5}$m $> \frac{6}{25}$m

$\frac{3}{4}$m $= 75$cm; $\frac{2}{5}$m $= 40$cm; $\frac{6}{25}$m $= 24$cm; 75cm > 40cm > 24cm

d) $\frac{3}{10}$h $= \frac{18}{60}$h; $\frac{1}{6}$h $= \frac{10}{60}$h; $\frac{5}{12}$h $= \frac{25}{60}$h; $\frac{5}{12}$h $> \frac{3}{10}$h $> \frac{1}{6}$h

$\frac{3}{10}$h $= 18$min; $\frac{1}{6}$h $= 10$min; $\frac{5}{12}$h $= 25$min; 25min > 18min > 10min

Das kann ich noch!

A) 1) 20 dm
2) 400 m
3) 20 h
4) 5 kg
5) 0,390 km
6) 0,750 kg
7) 0,040 km
8) 0,075 t
9) 0,5 cm
10) 3 min
11) 0,350 g
12) 2 Tage
13) 7 cm
14) 4,7 cm
15) 0,270 t
16) 0,450 kg

B) 1) 50 mm
2) 70 cm
3) 50 000 g
4) 700 000 mg
5) 39,7 dm
6) 4 129 mg
7) 4 700 g
8) 79 mm
9) 12 000 m
10) 7 500 kg
11) 300 s
12) 720 min
13) 32,8 dm
14) 5 300 m
15) 3 270 mg
16) 420 s

30

7. a) $\frac{7}{8} > \frac{7}{12}$ Von der Himbeertorte bleibt weniger übrig.

b) (1) $\frac{1}{9} < \frac{1}{5} < \frac{1}{4} < \frac{1}{3}$ (2) $\frac{7}{10} < \frac{7}{8} < \frac{7}{5}$

8. *Regel:* Bei Brüchen mit gleichem Zähler ist der Bruch mit dem kleineren Nenner größer als der Bruch mit dem größeren Nenner.
Begründung: Beim größeren Nenner wird das Ganze in mehr Teile geteilt. Ein Teil ist also kleiner als beim Bruch mit dem kleineren Nenner. Nimmt man nun gleich viele Teile davon, so bleiben sie kleiner.

9. a) $\frac{9}{15} > \frac{8}{15}$ b) $\frac{14}{20} > \frac{11}{20}$ c) $\frac{9}{12} < \frac{10}{12}$ d) $\frac{14}{40} < \frac{25}{40}$ e) $\frac{20}{24} < \frac{21}{24}$

$\frac{1}{24} < \frac{15}{24}$ $\frac{10}{15} = \frac{10}{15}$ $\frac{21}{30} < \frac{22}{30}$ $\frac{44}{24} < \frac{63}{24}$ $\frac{24}{15} > \frac{23}{15}$

$\frac{14}{21} > \frac{12}{21}$ $\frac{25}{30} > \frac{21}{30}$ $\frac{14}{24} < \frac{15}{24}$ $\frac{114}{30} > \frac{55}{30}$ $\frac{54}{21} > \frac{52}{21}$

$\frac{54}{66} < \frac{55}{66}$ $\frac{22}{12} > \frac{21}{12}$ $\frac{45}{60} = \frac{45}{60}$ $\frac{70}{15} < \frac{72}{15}$ $\frac{201}{36} > \frac{200}{36}$

30

10. a) $\frac{4}{10}=\frac{4}{10}$ **b)** $\frac{10}{15}>\frac{9}{15}$ **c)** $\frac{25}{20}>\frac{8}{20}$ **d)** $\frac{44}{24}>\frac{39}{24}$ **e)** $75\,\% > 60\,\%$

     $\frac{10}{12}<\frac{11}{12}$ $\frac{42}{35}>\frac{40}{35}$ $\frac{24}{30}<\frac{25}{30}$ $\frac{42}{60}<\frac{55}{60}$ $\frac{40}{99}>\frac{40}{100}$

11. a) $\frac{7}{12}=\frac{7}{12};\ \frac{5}{6}=\frac{10}{12};\ \frac{3}{4}=\frac{9}{12};\ \frac{7}{12}<\frac{3}{4}<\frac{5}{6}$

   b) $\frac{13}{20}=\frac{13}{20};\ \frac{4}{5}=\frac{16}{20};\ \frac{7}{10}=\frac{14}{20};\ \frac{13}{20}<\frac{7}{10}<\frac{4}{5}$

   c) $\frac{7}{8}=\frac{21}{24};\ \frac{3}{4}=\frac{18}{24};\ \frac{5}{6}=\frac{20}{24};\ \frac{3}{4}<\frac{5}{6}<\frac{7}{8}$

   d) $\frac{3}{10}=\frac{18}{60};\ \frac{7}{15}=\frac{28}{60};\ \frac{5}{12}=\frac{25}{60};\ \frac{3}{10}<\frac{5}{12}<\frac{7}{15}$

   e) $\frac{5}{9}=\frac{100}{180};\ \frac{7}{12}=\frac{105}{180};\ \frac{8}{15}=\frac{96}{180};\ \frac{8}{15}<\frac{5}{9}<\frac{7}{12}$

   f) $\frac{6}{7}=\frac{36}{42};\ \frac{13}{14}=\frac{39}{42};\ \frac{2}{3}=\frac{28}{42};\ \frac{2}{3}<\frac{6}{7}<\frac{13}{14}$

12. 1. Schale: $\frac{7}{11}=\frac{56}{88}$ 2. Schale: $\frac{5}{8}=\frac{55}{88}$

   In der 1. Schale ist der Anteil der Kiwi größer.

13. Tim: $\frac{20}{7}=2\frac{6}{7};\ \frac{53}{13}=4\frac{1}{13};\ 2\frac{6}{7}<4\frac{1}{13}$ Maria: $\frac{20}{7}=\frac{260}{91};\ \frac{53}{13}=\frac{371}{81};\ \frac{20}{7}<\frac{53}{13}$

   Tims Lösungsweg ist hier einfacher.

14. a) $4<4\frac{1}{4}$ **c)** $4\frac{1}{2}>1\frac{2}{5}$ **e)** $9\frac{5}{7}<10\frac{2}{5}<11\frac{1}{4}$

   b) $6\frac{1}{3}>4\frac{3}{5}$ **d)** $6\frac{3}{8}>5\frac{7}{9}$ **f)** $8\frac{6}{7}<8\frac{7}{8}<8\frac{9}{10}$

31

15. Siehe die Information im Schülerband auf Seite 28 und Seite 29.

16. a) $\frac{1}{3}>\frac{1}{4}>\frac{1}{5}$ **e)** $\frac{2}{9}<\frac{7}{10}<\frac{10}{7}$ **i)** $\frac{9}{4}>\frac{13}{10}>\frac{19}{20}>\frac{12}{25}$

   b) $\frac{4}{3}>\frac{5}{4}>\frac{6}{5}$ **f)** $\frac{7}{5}<\frac{11}{4}<\frac{25}{8}$ **j)** $\frac{71}{45}>\frac{41}{35}>\frac{13}{24}>\frac{17}{36}$

   c) $\frac{2}{3}<\frac{3}{4}<\frac{4}{5}$ **g)** $\frac{5}{4}>\frac{6}{5}>\frac{7}{6}>\frac{8}{7}$

   d) $\frac{3}{8}<\frac{7}{5}<\frac{9}{4}$ **h)** $\frac{10}{9}>\frac{15}{14}>\frac{14}{15}>\frac{9}{10}$

17. –

18. a) (1) $\frac{6}{20}<\frac{7}{20}<\frac{8}{20}$ (2) $\frac{7}{21}<\frac{7}{20}<\frac{7}{19}$

   b) (1) $\frac{12}{40}<\frac{13}{40}<\frac{14}{40}$ (2) $\frac{13}{41}<\frac{13}{40}<\frac{13}{39}$

   c) (1) $\frac{2}{4}<\frac{3}{4}<\frac{4}{4}$ (2) $\frac{3}{5}<\frac{3}{4}<\frac{3}{3}$

   d) (1) $\frac{16}{8}<\frac{17}{8}<\frac{18}{8}$ (2) $\frac{17}{9}<\frac{17}{8}<\frac{17}{7}$

19. a) 6   **b)** 4; 5; 6   **c)** 9

20. *Beispiele:*   **a)** $\frac{5}{8}$ **b)** $\frac{3}{9}$ **c)** $\frac{1}{4}$ **d)** $\frac{1}{10}$

31

21. a) $\frac{7}{4}; \frac{12}{5}; \frac{7}{5}; \frac{9}{8}; \frac{11}{9}; \frac{13}{8}; \frac{5}{3}$

c) $\frac{3}{7}; \frac{5}{12}; \frac{7}{20}; \frac{7}{15}; \frac{4}{9}$

b) $\frac{5}{8}; \frac{3}{7}; \frac{5}{9}; \frac{5}{12}; \frac{7}{20}; \frac{7}{15}; \frac{4}{9}$

d) $\frac{7}{4}; \frac{12}{5}; \frac{13}{8}; \frac{5}{3}$

22. *Beispiele:*

a) $\frac{1}{6}; \frac{1}{5}; \frac{1}{4}; \frac{1}{3}; \frac{1}{2}$

c) $\frac{1}{9}; \frac{1}{8}; \frac{1}{7}; \frac{1}{6}; \frac{1}{5}$

e) $\frac{5}{2}; \frac{7}{3}; \frac{9}{4}; \frac{11}{5}; \frac{13}{6}$

b) $\frac{7}{6}; \frac{6}{5}; \frac{5}{4}; \frac{4}{3}; \frac{3}{2}$

d) $\frac{2}{3}; \frac{3}{4}; \frac{4}{5}; \frac{5}{6}; \frac{6}{7}$

23. Tanja: $\frac{7}{20}$; Tim: $\frac{11}{30}$; Maria: $\frac{17}{40}$; $\frac{17}{40} > \frac{11}{30} > \frac{7}{20}$

Die beste Trefferquote hat Maria, die schlechteste Tanja.

24. $\frac{4}{14} < \frac{3}{10}$; Tim hatte das bessere Wetter.

25. a) (1) In der Mitte von $\frac{2}{7}$ und $\frac{4}{7}$ liegt $\frac{3}{7}$.

In der Mitte von $\frac{2}{7}$ und $\frac{3}{7}$ liegt $\frac{5}{14}$.

In der Mitte von $\frac{3}{7}$ und $\frac{4}{7}$ liegt $\frac{7}{14} = \frac{1}{2}$.

(2) In der Mitte von $\frac{3}{4}$ und $\frac{3}{5}$ liegt $\frac{27}{40}$.

In der Mitte von $\frac{3}{4}$ und $\frac{27}{40}$ liegt $\frac{57}{80}$.

In der Mitte von $\frac{27}{40}$ und $\frac{3}{5}$ liegt $\frac{51}{80}$.

b) (1) $\frac{6}{14} = \frac{3}{7}$ (2) $\frac{54}{80} = \frac{27}{40}$

1.6   Addieren und Subtrahieren von Bruchzahlen

32

Einstieg:

a) Stand 1: $\frac{5}{12} + \frac{2}{12} = \frac{7}{12}$ Stand 2: $\frac{4}{9} + \frac{7}{18} = \frac{8}{18} + \frac{7}{18} = \frac{15}{18} = \frac{5}{6}$

Stand 3: $\frac{3}{8} + \frac{5}{12} = \frac{9}{24} + \frac{10}{24} = \frac{19}{24}$

b) $\frac{7}{12} = \frac{14}{24}$; $\frac{5}{6} = \frac{20}{24}$; $\frac{14}{24} < \frac{19}{24} < \frac{20}{24}$, also $\frac{7}{12} < \frac{19}{24} < \frac{5}{6}$

Stand 1 hat am wenigsten und Stand 2 hat am meisten übrig.

c) An Stand 1 ist $\frac{5}{12} - \frac{5}{24} = \frac{5}{24}$ mehr als an Stand 3 und $\frac{5}{12} - \frac{1}{6} = \frac{5}{12} - \frac{2}{12} = \frac{3}{12} = \frac{1}{4}$

mehr als an Stand 2 verkauft worden.

34

3. (1)

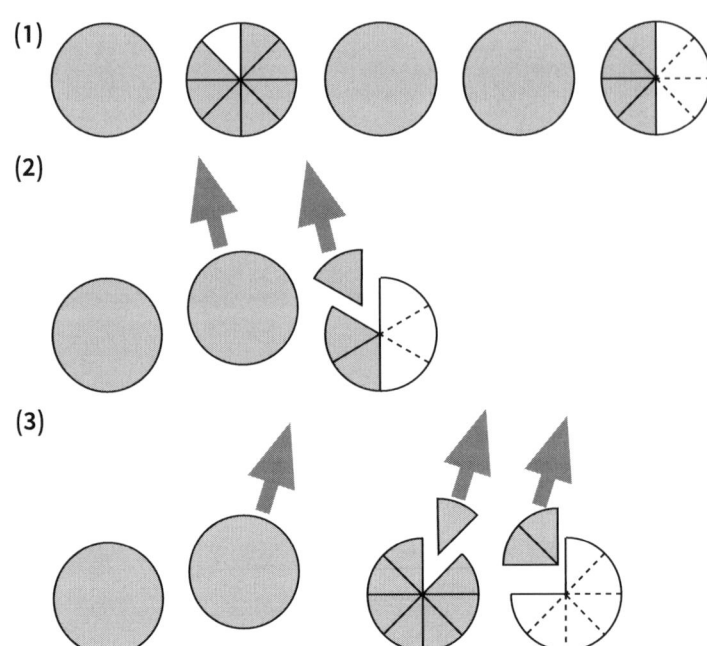

(2)

(3)

4. a) Das Addieren einer Zahl macht das Subtrahieren dieser Zahl rückgängig.

b) (1) *Aufgabe:* $\blacksquare - \frac{4}{15} = \frac{9}{15}$

    Pfeilbild: $\blacksquare \xrightleftharpoons[+\frac{4}{15}]{-\frac{4}{15}} \frac{9}{15}$

    Rechnung: $\frac{9}{15} + \frac{4}{15} = \frac{13}{15}$

    Lösung: Die gesuchte Zahl ist $\frac{13}{15}$.

(2) *Aufgabe:* $\blacksquare - \frac{4}{7} = \frac{3}{14}$

    Pfeilbild: $\blacksquare \xrightleftharpoons[+\frac{4}{7}]{-\frac{4}{7}} \frac{3}{14}$

    Rechnung: $\frac{3}{14} + \frac{4}{7} = \frac{3}{14} + \frac{8}{14} = \frac{11}{14}$

    Lösung: Die gesuchte Zahl ist $\frac{11}{14}$.

(3) *Aufgabe:* $\blacksquare + \frac{3}{8} = \frac{7}{12}$

    Pfeilbild: $\blacksquare \xrightleftharpoons[-\frac{3}{8}]{+\frac{3}{8}} \frac{7}{12}$

    Rechnung: $\frac{7}{12} - \frac{3}{8} = \frac{14}{24} - \frac{9}{24} = \frac{5}{24}$

    Lösung: Die gesuchte Zahl ist $\frac{5}{24}$.

35

5. a) $\frac{7}{12} + \frac{2}{12} = \frac{9}{12} = \frac{3}{4}$ b) $\frac{2}{5} + \frac{1}{5} = \frac{3}{5}$ c) $\frac{4}{10} + \frac{3}{10} = \frac{7}{10}$ d) $\frac{3}{8} + \frac{2}{8} = \frac{5}{8}$

35

6. a) $\frac{1}{4}+\frac{3}{8}=\frac{2}{8}+\frac{3}{8}=\frac{5}{8}$
   c) $\frac{3}{5}+\frac{1}{8}=\frac{24}{40}+\frac{5}{40}=\frac{29}{40}$

  b) $\frac{4}{8}+\frac{2}{8}=\frac{6}{8}=\frac{3}{4}$
   d) $\frac{5}{12}+\frac{1}{5}=\frac{25}{60}+\frac{12}{60}=\frac{37}{60}$

7. a) $\frac{3}{8}+\frac{3}{8}=\frac{6}{8}=\frac{3}{4}$
  b) $\frac{6}{10}+\frac{3}{10}=\frac{9}{10}$
  c) $\frac{2}{6}+\frac{5}{24}=\frac{8}{24}+\frac{5}{24}=\frac{13}{24}$

8. a) $\frac{5}{6}-\frac{3}{6}=\frac{2}{6}=\frac{1}{3}$
  b) $\frac{5}{8}-\frac{1}{8}=\frac{4}{8}=\frac{1}{2}$
  c) $\frac{8}{12}-\frac{2}{12}=\frac{6}{12}=\frac{1}{2}$
  d) $\frac{4}{5}-\frac{2}{5}=\frac{2}{5}$

9. a) $\frac{9}{10}$
  b) $\frac{20}{25}=\frac{4}{5}$
  c) $\frac{20}{17}=1\frac{3}{17}$
  d) $\frac{15}{20}=\frac{3}{4}$
  e) $\frac{80}{100}=\frac{4}{5}$

   $\frac{6}{12}=\frac{1}{2}$
   $\frac{23}{40}$
   $\frac{8}{60}=\frac{2}{15}$
   0
   $\frac{31}{90}$

10. a) $\frac{7}{8}$
  b) $\frac{27}{40}$
  c) $\frac{22}{33}=\frac{2}{3}$
  d) $\frac{10}{12}=\frac{5}{6}$
  e) $\frac{5}{20}=\frac{1}{4}$

   $\frac{1}{15}$
   $\frac{14}{21}=\frac{2}{3}$
   $\frac{37}{42}$
   $\frac{15}{18}=\frac{5}{6}$
   $\frac{13}{15}$

36

11. $\frac{5}{7}+\frac{3}{7}=\frac{8}{7}$

Das Testament enthält einen Fehler, da das Ergebnis mehr als ein Ganzes ergibt.

12. $\frac{13}{40}$ Liter Wasser müssen zugegossen werden.

13. a) $\frac{7}{15}$
  b) $\frac{43}{78}$
  c) $\frac{50}{63}$
  d) $\frac{23}{20}=1\frac{3}{20}$
  e) $\frac{5}{24}$

   $\frac{67}{70}$
   $\frac{7}{33}$
   $\frac{12}{105}=\frac{4}{35}$
   $\frac{23}{18}=1\frac{5}{18}$
   $\frac{7}{24}$

14. a) $\frac{2}{5}+\frac{1}{2}=\frac{4}{10}+\frac{5}{10}=\frac{9}{10}$
   c) $\frac{3}{8}-\frac{1}{3}=\frac{9}{24}-\frac{8}{24}=\frac{1}{24}$

  b) $\frac{5}{6}-\frac{3}{5}=\frac{25}{30}-\frac{18}{30}=\frac{7}{30}$
   d) $\frac{3}{8}+\frac{1}{2}=\frac{3}{8}+\frac{4}{8}=\frac{7}{8}\left(=\frac{14}{16}\right)$

15. a)
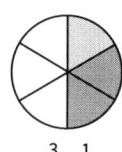

     b)
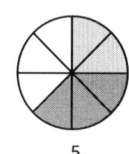

     c)
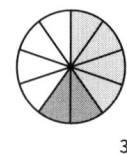

$\frac{3}{6}=\frac{1}{3}$
        $\frac{5}{8}$
        $\frac{3}{5}$

    d)
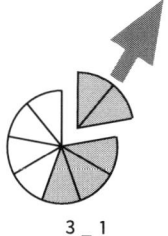

     e)
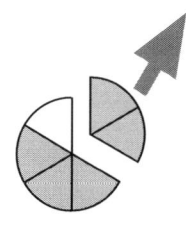

     f)
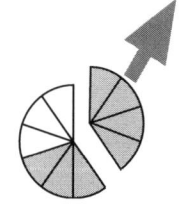

$\frac{3}{9}=\frac{1}{3}$
        $\frac{3}{6}=\frac{1}{2}$
        $\frac{3}{10}$

36

16. a) $\frac{4}{5} + \frac{30}{20} = \frac{23}{20} = 1\frac{3}{20} > 1$

e) $\frac{3}{8} + \frac{1}{6} = \frac{13}{24} = \frac{13}{24}$

b) $2\frac{1}{8} - 1\frac{1}{2} = \frac{5}{8} = \frac{10}{16}$

f) $\frac{3}{8} - \frac{1}{6} = \frac{5}{24} > \frac{1}{6} = \frac{4}{24}$

c) $\frac{1}{5} + \frac{1}{9} = \frac{14}{45} < \frac{1}{3} = \frac{15}{45}$

g) $\frac{17}{19} - \frac{16}{21} = \frac{53}{399} > 0$

d) $\frac{1}{4} - \frac{1}{5} = \frac{1}{20} > \frac{1}{40} + \frac{1}{50} = \frac{9}{200}$

h) $\frac{1}{12} - \frac{1}{13} = \frac{1}{156} < \frac{1}{12} + \frac{1}{13} = \frac{25}{156}$

17. $\frac{7}{8} \text{ km}^2 + \frac{3}{4} \text{ km}^2 = \frac{7}{8} \text{ km}^2 + \frac{6}{8} \text{ km}^2 = \frac{13}{8} \text{ km}^2 = 1\frac{5}{8} \text{ km}^2$

18. $\frac{3}{10} \text{ s} + \frac{1}{2} \text{ s} = \frac{3}{10} \text{ s} + \frac{5}{10} \text{ s} = \frac{8}{10} \text{ s} = \frac{4}{5} \text{ s}$

19. $\frac{9}{10} \text{ kg} - \frac{1}{4} \text{ kg} = \frac{18}{20} \text{ kg} - \frac{5}{20} \text{ kg} = \frac{13}{20} \text{ kg}$

20. Wie weit ist es von Taldorf nach Obergrün, wenn man auf der Kreisstraße fährt, wie weit, wenn man den Waldweg nimmt?

Kreisstraße: $6\frac{1}{2} \text{ km} - 1\frac{1}{4} \text{ km} = 6\frac{2}{4} \text{ km} - 1\frac{1}{4} \text{ km} = 5\frac{1}{4} \text{ km}$

Waldweg: $6\frac{1}{2} \text{ km} - 1\frac{3}{4} \text{ km} = 5\frac{6}{4} \text{ km} - 1\frac{3}{4} \text{ km} = 4\frac{3}{4} \text{ km}$

21. a) $1\frac{5}{7}$ **b)** $\frac{1}{3}$ **c)** $1\frac{7}{8}$ **d)** 10 **e)** $7\frac{1}{2}$ **f)** $1\frac{5}{7}$

       $3\frac{1}{5}$ 2 $6\frac{5}{14}$ $12\frac{3}{4}$ $2\frac{4}{5}$ $8\frac{1}{2}$

       $3\frac{9}{10}$ 2 $7\frac{4}{7}$ $6\frac{5}{6}$ 13 $2\frac{3}{5}$

37

22. Siehe z. B. die Information auf Seite 33 des Schülerbandes.

23. a) $5\frac{2}{3}$ **b)** $8\frac{2}{9}$ **c)** $2\frac{3}{4}$ **d)** $2\frac{2}{5}$ **e)** $10\frac{55}{96}$ **f)** $1\frac{41}{54}$

       $2\frac{3}{8}$ $5\frac{3}{4}$ $4\frac{5}{8}$ $6\frac{1}{8}$ $4\frac{7}{45}$ $7\frac{11}{78}$

24. $7\frac{2}{3}$ Pizzas

25. $8\frac{1}{3} + 5\frac{2}{3} = 14$; $4\frac{9}{11} + 9\frac{13}{15} = 14\frac{113}{165}$; $6\frac{8}{25} + 8\frac{3}{20} = 14\frac{47}{100}$; $10\frac{19}{21} + 3\frac{11}{14} = 14\frac{29}{42}$;

     $5\frac{5}{12} + 8\frac{1}{18} = 13\frac{17}{36}$

     $5\frac{2}{12} + 8\frac{1}{18} < 8\frac{1}{3} + 5\frac{2}{3} < 6\frac{8}{25} + 8\frac{3}{20} < 4\frac{9}{11} + 9\frac{13}{15} < 10\frac{19}{21} + 3\frac{11}{14}$

26. Z. B.: Wie viele kg Kartoffeln, Äpfel und Weintrauben kauft Herr Wagner mehr?

Antwort: $\frac{3}{4}$ kg Kartoffeln, $\frac{3}{4}$ kg Äpfel und $\frac{7}{8}$ kg Weintrauben.

27. a) $\frac{3}{4}$ **b)** $\frac{3}{10}$ **c)** $\frac{7}{16}$ **d)** $\frac{3}{8}$

37

28. a) $L = \left\{7\frac{2}{5}\right\}$ d) $L = \left\{2\frac{9}{10}\right\}$ g) $L = \left\{2\frac{7}{24}\right\}$

b) $L = \left\{3\frac{1}{6}\right\}$ e) $L = \left\{2\frac{4}{5}\right\}$ h) $L = \left\{3\frac{1}{24}\right\}$

c) $L = \left\{3\frac{7}{12}\right\}$ f) $L = \left\{11\frac{1}{5}\right\}$ i) $L = \left\{\frac{1}{2}\right\}$

29. a) Gleichung: $\frac{1}{6} + x = \frac{7}{9}$;   Rechnung: $x = \frac{7}{9} - \frac{1}{6} = \frac{11}{18}$ Lösungsmenge: $L = \left\{\frac{11}{18}\right\}$

b) Gleichung: $\frac{1}{2} - x = \frac{1}{10}$;   Rechnung: $x = \frac{1}{2} - \frac{1}{10} = \frac{2}{5}$ Lösungsmenge: $L = \left\{\frac{2}{5}\right\}$

c) Gleichung: $x + \frac{4}{5} = \frac{19}{20}$;   Rechnung: $x = \frac{19}{20} - \frac{4}{5} = \frac{3}{20}$ Lösungsmenge: $L = \left\{\frac{3}{20}\right\}$

d) Gleichung: $x - \frac{12}{5} = \frac{4}{15}$; Rechnung: $x = \frac{4}{15} + \frac{12}{5} = \frac{8}{3}$ Lösungsmenge: $L = \left\{2\frac{2}{3}\right\}$

e) Gleichung: $\frac{1}{3} - x = \frac{1}{7}$;   Rechnung: $x = \frac{1}{3} - \frac{1}{7} = \frac{4}{21}$ Lösungsmenge: $L = \left\{\frac{4}{21}\right\}$

f) Zweiter Summand: $\frac{1}{3} + \frac{1}{6} = \frac{1}{2}$;   Rechnung: $\frac{1}{3} + \frac{1}{2} = \frac{5}{6}$

30. a) Der Minuend ist um $1\frac{3}{4}$ größer als der Subtrahend.

b) Der Subtrahend ist $2\frac{1}{3}$.

c) Der Subtrahend ist $\frac{13}{20}$. Der Minuend ist $1\frac{3}{4} + \frac{13}{20} = \frac{12}{5} = 2\frac{2}{5}$.

38

31. a) Z.B.: $\frac{5}{6} = \frac{1}{6} + \frac{4}{6}$; $\frac{5}{6} = \frac{1}{3} + \frac{1}{2}$; $\frac{5}{6} = \frac{2}{6} + \frac{3}{6}$

Z.B.: $\frac{2}{9} = \frac{1}{9} + \frac{1}{9}$; $\frac{2}{9} = \frac{1}{12} + \frac{5}{36}$; $\frac{2}{9} = \frac{1}{18} + \frac{1}{6}$

Z.B.: $\frac{1}{3} = \frac{1}{6} + \frac{1}{6}$; $\frac{1}{3} = \frac{1}{9} + \frac{2}{9}$; $\frac{1}{3} = \frac{1}{12} + \frac{1}{4}$

b) Z.B.: $\frac{4}{9} = \frac{7}{9} - \frac{3}{9}$; $\frac{4}{9} = \frac{8}{9} - \frac{4}{9}$; $\frac{4}{9} = \frac{5}{9} - \frac{1}{9}$

Z.B.: $\frac{9}{17} = \frac{20}{34} - \frac{2}{34}$; $\frac{9}{17} = \frac{13}{17} - \frac{4}{17}$; $\frac{9}{17} = \frac{15}{17} - \frac{6}{17}$

Z.B.: $\frac{2}{5} = \frac{6}{10} - \frac{2}{10}$; $\frac{2}{5} = \frac{4}{5} - \frac{2}{5}$; $\frac{2}{5} = \frac{3}{5} - \frac{1}{5}$

32. a) 2   b) 1

33. Nein, denn $\frac{1}{3} + \frac{1}{5} = \frac{8}{15}$, also mehr als die Hälfte.

34. a) $\frac{3}{4} + \frac{3}{20} = \frac{9}{10}$ b) $1 - \frac{9}{10} = \frac{1}{10}$

c)

	Gold	Silber	Kupfer	Edelmetall (Gold und Silber)
Kette	135 g	27 g	18 g	162 g
Ring	9 g	$1\frac{4}{5}$ g = 1800 mg	$1\frac{1}{5}$ g = 1200 mg	$10\frac{4}{5}$ g = 10 800 mg

38

35. a)

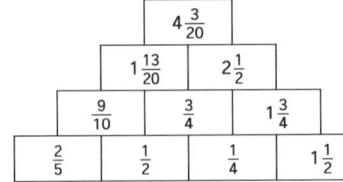

b)

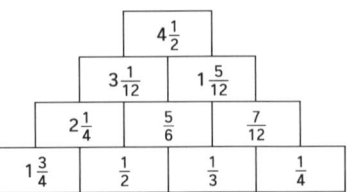

36. $\frac{1}{2} - \frac{1}{3} = \frac{1}{6}$; $\frac{1}{3} - \frac{1}{4} = \frac{1}{12}$; $\frac{1}{4} - \frac{1}{5} = \frac{1}{20}$; $\frac{1}{5} - \frac{1}{6} = \frac{1}{30}$; $\frac{1}{6} - \frac{1}{7} = \frac{1}{42}$; $\frac{1}{7} - \frac{1}{8} = \frac{1}{56}$

Man erhält einen Bruch mit dem Zähler 1 und einem Nenner, der das Produkt der einzelnen Nenner ist.

$\frac{1}{2} + \frac{1}{3} = \frac{5}{6}$; $\frac{1}{3} + \frac{1}{4} = \frac{7}{12}$; $\frac{1}{4} + \frac{1}{5} = \frac{9}{20}$; $\frac{1}{5} + \frac{1}{6} = \frac{11}{30}$; $\frac{1}{6} + \frac{1}{7} = \frac{13}{42}$; $\frac{1}{7} + \frac{1}{8} = \frac{15}{56}$

Der Zähler ist die Summe der einzelnen Nenner; der Nenner das Produkt der einzelnen Nenner.

37. 1. Schale: $3\frac{5}{6}\,\text{kg} + 3\frac{3}{4}\,\text{kg} + 4\frac{3}{8}\,\text{kg} = \frac{287}{24}\,\text{kg} = 11\frac{23}{24}\,\text{kg}$

2. Schale: $3\frac{7}{12}\,\text{kg} + 4\frac{1}{8}\,\text{kg} + 4\frac{1}{4}\,\text{kg} = 11\frac{23}{24}\,\text{kg}$

Das kann ich noch!

A) 1) 36 km > 300 m 700 mm > 234 m > 400 cm > 3 m 60 cm > 2 m 50 cm

2) 3 t 785 kg > 750 kg > 25 kg > 3 000 g > 1 115 g > 800 mg > 75 mg

3) 246 h > 5 d > 4 213 min > 2 h > 3 120 s > 480 s > 5 min > 1 min 23 s

B) 1) 417 cm = 4,17 m   4) 43 dm = 4,3 m   7) 0,25 kg

2) 3 770 g = 3,77 kg   5) 1 999 600 g = 1,9996 t   8) 36 s

3) 140 s = 2 min 20 s   6) 300 cm = 3 m

1.7 Kommutativ- und Assoziativgesetz der Addition

40

1. a) $\frac{8}{7}$ b) $\frac{2}{3}$ c) $\frac{4}{7}$ d) 1

$\frac{3}{4}$ $\frac{13}{15}$ $\frac{1}{3}$ $\frac{53}{60}$

$\frac{4}{5}$ $\frac{5}{7}$ $\frac{4}{3}$ $\frac{8}{5}$

2. a) $\frac{14}{19}$ b) $\frac{7}{18}$ c) $\frac{1}{2}$ d) $\frac{3}{7}$ e) $\frac{3}{14}$ f) $\frac{5}{7}$

3. $\left(\frac{1}{2} - \frac{1}{4}\right) - \frac{1}{8} = \frac{1}{8}$ $\frac{1}{2} - \left(\frac{1}{4} - \frac{1}{8}\right) = \frac{3}{8}$

Im Blickpunkt: Brüche in der Musik

41

1. **a)** Jede Note ist halb so lang wie die vorhergehende Note.
Ein Punkt verlängert die Note um die Hälfte.

b) Beispiele: $1; \frac{1}{2} + \frac{1}{2}; \frac{1}{4} + \frac{3}{4}; \ldots$ oder $\frac{1}{2} + \frac{1}{4}; \frac{1}{4} + \frac{1}{4} + \frac{1}{8} + \frac{1}{8}; \ldots$

2. Die Summe ist immer $\frac{6}{8} = \frac{3}{4}$. Die Noten in der kleineren Schrift sind Vornoten, die nicht mitgezählt werden.

1. Zeile: $\frac{1}{4} + \frac{1}{8} + \frac{1}{4} + \left(\frac{1}{16} + \frac{1}{16}\right)$; $\frac{1}{8} + \frac{1}{8} + \frac{1}{8} + \frac{1}{4} + \left(\frac{1}{16} + \frac{1}{16}\right)$;

$\frac{1}{8} + \frac{1}{8} + \frac{1}{8} + \left(\frac{3}{16} + \frac{1}{16}\right) + \left(\frac{1}{32} + \frac{1}{32} + \frac{1}{32} + \frac{1}{32}\right)$;

$\frac{1}{8} + \frac{1}{8} + \frac{1}{8} + \frac{1}{4} + \left(\frac{3}{32} + \frac{1}{32}\right)$; $\frac{1}{4} + \frac{1}{8} + \frac{1}{4} + \frac{1}{8}$

2. Zeile: $\frac{1}{8} + \frac{1}{8} + \frac{1}{8} + \left(\frac{1}{8} + \frac{1}{8}\right) + \frac{1}{8}$; $\frac{1}{4} + \frac{1}{8} + \frac{1}{4} + \frac{1}{8}$; $\frac{1}{4} + \frac{1}{8} + \frac{1}{4} + \frac{1}{8}$;

$\frac{1}{4} + \left(\frac{1}{16} + \frac{1}{16}\right) + \frac{1}{4} + \frac{1}{8}$; $\frac{1}{8} + \frac{1}{8} + \frac{1}{8} + \frac{1}{4} + \frac{1}{8}$

3. Zeile: $\left(\frac{1}{8} + \frac{1}{8}\right) + \left(\frac{3}{32} + \frac{1}{32}\right) + \left(\frac{3}{16} + \frac{1}{32} + \frac{1}{32}\right) + \frac{1}{16} + \frac{1}{16}$;

$\frac{1}{4} + \frac{1}{8} + \left(\frac{1}{16} + \frac{1}{16} + \frac{1}{16} + \frac{1}{16}\right) + \left(\frac{1}{16} + \frac{1}{16}\right)$;

$\left(\frac{1}{16} + \frac{1}{16} + \frac{1}{16} + \frac{1}{16}\right) + \left(\frac{1}{16} + \frac{1}{16}\right) + \left(\frac{1}{16} + \frac{1}{16} + \frac{1}{16} + \frac{1}{16}\right) + \left(\frac{1}{16} + \frac{1}{16}\right)$;

$\left(\frac{1}{8} + \frac{1}{32} + \frac{1}{32} + \frac{1}{32} + \frac{1}{32}\right) + \left(\frac{1}{32} + \frac{1}{32} + \frac{1}{32} + \frac{1}{32}\right) + \left(\frac{1}{32} + \frac{1}{32} + \frac{1}{32} + \frac{1}{32}\right) + \left(\frac{1}{32} + \frac{1}{32} + \frac{1}{32} + \frac{1}{32}\right)$

4. Zeile: $\left(\frac{1}{16} + \frac{1}{16} + \frac{1}{16} + \frac{1}{16}\right) + \left(\frac{1}{16} + \frac{1}{16}\right) + \left(\frac{1}{32} + \frac{1}{32} + \frac{1}{32} + \frac{1}{32}\right) + \frac{1}{8} + \frac{1}{8}$;

$\frac{1}{4} + \frac{1}{8} + \frac{1}{4} + \frac{1}{8}$; $\frac{1}{4} + \frac{1}{8} + \frac{1}{4} + \frac{1}{8}$; $\frac{1}{8} + \frac{1}{8} + \frac{1}{8} + \frac{1}{4} + \frac{1}{8}$; $\frac{1}{4} + \frac{1}{8} + \frac{1}{4} + \frac{1}{8}$

5. Zeile: $\frac{1}{8} + \frac{1}{8} + \frac{1}{16} + \frac{1}{16} + \frac{3}{16} + \frac{1}{16} + \frac{1}{16} + \frac{1}{16}$; $\frac{1}{8} + \frac{1}{8} + \frac{1}{8} + \left(\frac{3}{16} + \frac{1}{32} + \frac{1}{32}\right) + \frac{1}{16} + \frac{1}{16}$;

$\frac{1}{8} + \frac{1}{8} + \left(\frac{1}{16} + \frac{1}{16}\right) + \frac{3}{16} + \frac{1}{16} + \frac{1}{16} + \frac{1}{16}$

6. Zeile: $\left(\frac{1}{16} + \frac{1}{16}\right) + \frac{1}{8} + \frac{1}{8} + \frac{1}{8} + \frac{1}{16} + \frac{1}{16} + \frac{1}{16} + \frac{1}{16}$; $\left(\frac{1}{16} + \frac{1}{16}\right) + \frac{1}{8} + \frac{1}{8} + \left(\frac{1}{8} + \frac{1}{8}\right) + \frac{1}{8}$;

$\left(\frac{1}{8} + \frac{1}{8}\right) + \frac{1}{8} + \frac{1}{4} + \frac{1}{8}$; $\frac{1}{4} + \left(\frac{1}{16} + \frac{1}{16}\right) + \frac{1}{4} + \left(\frac{1}{16} + \frac{1}{16}\right)$

(Die 3 bedeutet 3 für 2; Triad**e**)

7. Zeile: $\frac{1}{8} + \frac{1}{8} + \frac{1}{16} + \frac{1}{16} + \frac{3}{16} + \frac{1}{16} + \frac{1}{16} + \frac{1}{16}$; $\frac{1}{16} + \frac{1}{16} + \frac{1}{8} + \frac{1}{8} + \frac{1}{4} + \left(\frac{1}{16} + \frac{1}{16}\right)$;

$\frac{1}{4} + \frac{1}{8} + \frac{1}{4} + \frac{1}{8}$; $\frac{1}{8} + \frac{1}{8} + \frac{1}{8} + \left(\frac{1}{16} + \frac{1}{16} + \frac{1}{16} + \frac{1}{16}\right) + \left(\frac{1}{16} + \frac{1}{16}\right)$

8. Zeile: $\left(\frac{1}{16} + \frac{1}{16} + \frac{1}{16} + \frac{1}{16}\right) + \left(\frac{1}{16} + \frac{1}{16}\right) + \left(\frac{1}{16} + \frac{1}{16} + \frac{1}{16} + \frac{1}{16}\right) + \left(\frac{1}{16} + \frac{1}{16}\right)$;

$\frac{1}{4} + \left(\frac{1}{16} + \frac{1}{16}\right) + \frac{1}{4} + \left(\frac{1}{16} + \frac{1}{16}\right)$; $\frac{1}{4} + \frac{1}{8} + \frac{1}{4} + \frac{1}{8}$; $\frac{3}{8} + \frac{1}{4} + \frac{1}{8}$;

$\frac{3}{8} + \frac{1}{4} + \frac{1}{8}$; $\frac{1}{8} + \frac{1}{8} + \frac{1}{8} + \left(\frac{1}{8} + \frac{1}{8}\right) + \frac{1}{8}$

9. Zeile: $\frac{1}{8} + \frac{1}{8} + \frac{1}{8} + \left(\frac{1}{16} + \frac{1}{16}\right) + \frac{1}{8} + \left(\frac{1}{16} + \frac{1}{16}\right)$; $\frac{1}{4} + \frac{1}{8} + \frac{1}{4} + \frac{1}{8}$

3. Keine Lösungen

1.8 Vervielfachen und Teilen von Brüchen

1.8.1 Vervielfachen von Brüchen

42

Einstig:

a) $\frac{3}{4}l$

b) $\frac{4}{3}l = 1\frac{1}{3}l$

c) $\frac{4}{5}l$

d) $\frac{66}{100}l = \frac{33}{50}l$

43

2. a) $\frac{\overset{1}{\cancel{3}}\cdot 4}{\underset{3}{\cancel{9}}} = \frac{4}{3}$

b) $\frac{\overset{2}{\cancel{14}}\cdot 4}{\underset{1}{\cancel{7}}} = 2\cdot 4 = 8$

c) $\frac{\overset{4}{\cancel{12}}\cdot 8}{\underset{3}{\cancel{9}}} = \frac{32}{3}$

d) $\frac{\overset{5}{\cancel{25}}\cdot 12}{\underset{1}{\cancel{5}}} = 60$

3. a) $\frac{1}{4}\cdot 3 = \frac{3}{4}$

b) $\frac{2}{8}\cdot 2 = \frac{4}{8}$

c) $\frac{3}{10}\cdot 3 = \frac{9}{10}$

4. a) $\frac{21}{4} = 5\frac{1}{4}; \frac{8}{9}$

c) $\frac{24}{7} = 3\frac{3}{7}; 5$

e) $\frac{38}{17} = 2\frac{4}{17}; 1$

   b) $\frac{14}{5} = 2\frac{4}{5}; \frac{8}{9}$

d) $\frac{20}{9} = 2\frac{2}{9}; \frac{21}{13} = 1\frac{8}{13}$

f) $8; \frac{10}{7} = 1\frac{3}{7}$

5. (1) $\frac{3}{8}$ mit 2 zu erweitern bedeutet, die Kuchenstücke jeweils noch einmal zu halbieren (also mittig der Länge nach durchzuschneiden). Die Kuchenmenge ändert sich dabei nicht.

   (2) $\frac{3}{8}$ mit 2 zu multiplizieren bedeutet, dass man die Anzahl der Stücke verdoppelt (ohne Durchschneiden), d. h. man hat dann doppelt so viel Kuchen wie vorher.

6. a) $\frac{\overset{1}{\cancel{5}}\cdot 7}{\underset{4}{\cancel{20}}} = \frac{7}{4} = 1\frac{3}{4}$

c) $\frac{\overset{5}{\cancel{25}}\cdot 7}{\underset{3}{\cancel{15}}} = \frac{35}{3} = 11\frac{2}{3}$

e) $\frac{\overset{1}{\cancel{8}}\cdot 27}{\underset{4}{\cancel{32}}} = \frac{27}{4} = 6\frac{3}{4}$

     $\frac{\overset{2}{\cancel{4}}\cdot 5}{\underset{3}{\cancel{6}}} = \frac{10}{3} = 3\frac{1}{3}$

$\frac{\overset{1}{\cancel{8}}\cdot 17}{\underset{3}{\cancel{24}}} = \frac{17}{3} = 5\frac{2}{3}$

$\frac{\overset{1}{\cancel{16}}\cdot 25}{\underset{2}{\cancel{32}}} = \frac{25}{2} = 12\frac{1}{2}$

  b) $\frac{\overset{2}{\cancel{24}}\cdot 7}{\underset{1}{\cancel{12}}} = 14$

d) $\frac{\overset{3}{\cancel{9}}\cdot 7}{\underset{2}{\cancel{6}}} = \frac{21}{2} = 10\frac{1}{2}$

f) $\frac{\overset{2}{\cancel{8}}\cdot 7}{\underset{3}{\cancel{12}}} = \frac{14}{3} = 4\frac{2}{3}$

     $\frac{\overset{7}{\cancel{35}}\cdot 8}{\underset{3}{\cancel{15}}} = \frac{56}{3} = 18\frac{2}{3}$

$\frac{\overset{1}{\cancel{6}}\cdot 7}{\underset{3}{\cancel{18}}} = \frac{7}{3} = 2\frac{1}{3}$

$\frac{\overset{3}{\cancel{21}}\cdot 9}{\underset{2}{\cancel{14}}} = \frac{27}{2} = 13\frac{1}{2}$

7. 45; 84; 68; 51; 22; 5; 270; 280; 13; 114

Bei Brüchen kleiner als 1 ist das Produkt kleiner als 60, bei solchen größer als 1 ist das Produkt größer als 60.

8. $7\cdot 1\frac{3}{5} = 11\frac{1}{5}$ Sie muss 12 Waffeln backen.

44

9. a) 4   b) 2   c) 2   d) 2   e) 9

44

10. a) Beide Rechenwege sind zulässig. Bei Marias Lösung wird der gemischte Bruch in einen unechten Bruch verwandelt und dann multipliziert. Bei Patricks Lösung werden die ganze Zahl und der Bruch einzeln mit dem zweiten Faktor multipliziert und anschließend werden die Ergebnisse addiert.

b) (1) $\frac{15}{2} = 7\frac{1}{2}$ (3) 14   (5) $\frac{39}{4} = 9\frac{3}{4}$ (7) $\frac{116}{9} = 12\frac{8}{9}$ (9) $\frac{92}{5} = 18\frac{2}{5}$

     (2) $\frac{96}{5} = 19\frac{1}{5}$ (4) $\frac{63}{2} = 31\frac{1}{2}$ (6) $\frac{44}{5} = 8\frac{4}{5}$ (8) $\frac{45}{4} = 11\frac{1}{4}$ (10) $\frac{416}{9} = 46\frac{2}{9}$

11. a) $\frac{5}{8}$ l   **b)** $\frac{12}{5}$ l $= 2\frac{2}{5}$ l

c) Ja, denn man benötigt insgesamt $\frac{3}{8}$ l, hat aber $\frac{2}{5}$ l zur Verfügung $\left(\frac{3}{8} < \frac{2}{5}\right)$

12. $\frac{1}{4}$ l $+ \frac{3}{8}$ l $+ 800$ ml $+ \frac{1}{8}$ l $= \frac{1}{4}$ l $+ \frac{3}{8}$ l $+ \frac{4}{5}$ l $+ \frac{1}{8}$ l $= \frac{31}{20}$ l

Sie muss 8 Becher Sahne kaufen, denn $7 \cdot \frac{2}{10}$ l $= \frac{28}{20}$ l $< \frac{31}{20}$ l und $8 \cdot \frac{2}{10}$ l $= \frac{32}{20}$ l $> \frac{31}{20}$ l

13. Z. B.: Wie viel Liter trinken Meike, wie viel ihr Bruder, wie viel beide zusammen?

Antwort: Meike trinkt $2 \cdot \frac{1}{4}$ l $= \frac{2}{4}$ l $= \frac{1}{2}$ l. Ihr Bruder $3 \cdot \frac{1}{4}$ l $= \frac{3}{4}$ l, zusammen trinken sie $\frac{5}{4}$ l $= 1\frac{1}{4}$ l.

1.8.2 Teilen von Brüchen

Einstieg:
Mögliche Antworten:

a) Jeder bekommt $\frac{1}{4}$ Pizza.

b) Jeder bekommt $\frac{1}{4}$ Apfel und $\frac{1}{8}$ Tafel Schokolade.

45

2. $\frac{6}{9} : 3 = \frac{6}{9 \cdot 3} = \frac{6}{27} = \frac{2}{9}$, aber $\frac{6}{9} = \frac{2}{3}$. Beim Kürzen ändert sich der Wert des Bruchs nicht, beim Dividieren durch die Zahl wird der Bruch kleiner.

3. a) $\frac{\overset{3}{\cancel{6}}}{13 \cdot \underset{2}{\cancel{4}}} = \frac{3}{26}$ **b)** $\frac{\overset{4}{\cancel{24}}}{17 \cdot \underset{3}{\cancel{18}}} = \frac{4}{51}$ **c)** $\frac{\overset{12}{\cancel{36}}}{25 \cdot \underset{5}{\cancel{15}}} = \frac{12}{125}$ **d)** $\frac{\overset{2}{\cancel{\overset{8}{8}}}}{\underset{9}{\cancel{27}} \cdot \underset{5}{\cancel{35}}} = \frac{2}{45}$

4. a) $\frac{3}{4}$ l $: 3 = \frac{1}{4}$ l   **b)** $\frac{1}{2}$ l $: 3 = \frac{1}{6}$ l   **c)** $\frac{7}{10}$ l $: 2 = \frac{7}{20}$ l

46

5. a) $\frac{1}{2} : 4 = \frac{1}{8}$ **b)** $\frac{3}{4} : 2 = \frac{3}{8}$ **c)** $\frac{2}{3} : 3 = \frac{2}{9}$

6. a) $\frac{1}{6}; \frac{2}{7}$ **c)** $\frac{2}{9}; \frac{3}{8}$ **e)** $\frac{5}{24}; \frac{6}{13}$ **g)** $\frac{4}{13}; \frac{7}{64}$

    b) $\frac{1}{20}; \frac{2}{9}$ **d)** $\frac{3}{25}; \frac{3}{10}$ **f)** $\frac{1}{21}; \frac{3}{16}$ **h)** $\frac{1}{20}; \frac{4}{63}$

46

7. (1)

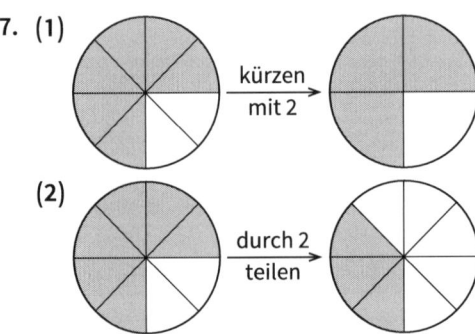

  (2)

8. a) Beide Rechenwege sind zulässig.
Dennis' Rechenweg funktioniert immer, auch wenn der ganzzahlige Anteil nicht durch den Divisor teilbar ist. Dianas Vorgehen funktioniert nur, wenn der ganzzahlige Anteil des Dividenden durch den Divisor teilbar ist. Ist dies gegeben, ist Dianas Rechenweg günstiger.

  b) (1) $\frac{6}{7}$ (2) $\frac{22}{25}$ (3) $4\frac{1}{48}$ (4) $2\frac{3}{10}$

           $1\frac{4}{15}$ $2\frac{1}{8}$ $5\frac{1}{30}$ $1\frac{5}{9}$

           $\frac{13}{21}$ $3\frac{7}{72}$ $\frac{49}{50}$ $1\frac{12}{49}$

           $2\frac{7}{24}$ $\frac{23}{30}$ $\frac{23}{25}$ $\frac{47}{48}$

9. a) 3   b) 4   c) 8   d) 3   e) 4   f) 6

10. Sie benötigt 4 Minzblätter, $\frac{1}{16}$ l Zitronensaft, $\frac{1}{8}$ l heißes Wasser, $\frac{1}{4}$ Pfund $\left(=\frac{1}{8}\,kg\right)$ Johannisbeeren, $\frac{3}{16}$ l Orangensaft und $\frac{7}{20}$ l Mineralwasser.

11. a) $\frac{64}{3}=21\frac{1}{3}$ c) 6   e) $\frac{69}{2}=34\frac{1}{2}$

       $\frac{4}{147}$ $\frac{3}{98}$ $\frac{3}{46}$

  b) $\frac{1}{25}$ d) $\frac{2}{85}$ f) $\frac{3}{38}$

       16           $\frac{34}{5}=6\frac{4}{5}$ $\frac{57}{2}=28\frac{1}{2}$

12. a) $\frac{1}{6}$ Tafel   b) $\frac{3}{20}$ l   c) $\frac{1}{4}$ h   d) $\frac{7}{8}$ l

13. a) (1) $\frac{9}{4}t=2\frac{1}{4}t$ (2) $\frac{15}{4}t=3\frac{3}{4}t$ (3) $\frac{27}{4}t=6\frac{3}{4}t$

   b) (1) $\frac{25}{2}l=12\frac{1}{2}l$ (2) $\frac{50}{3}l=16\frac{2}{3}l$ (3) $\frac{100}{3}l=33\frac{1}{3}l$

   c) (1) $\frac{3}{3}km=1\,km$ (2) $\frac{5}{3}km=1\frac{2}{3}km$ (3) $\frac{8}{3}km=2\frac{2}{3}km$

1.9 Aufgaben zur Vertiefung

47

1. 12 CDs sind $\frac{2}{3}$ aller CDs vom Nachmittag.

   ■ $\xleftarrow[:2]{\cdot 2}$ $\xrightarrow[\cdot 3]{:3}$ 12 $\qquad$ $12 \cdot 3 : 2 = 18$

   Am Nachmittag hatte Tim noch 18 CDs.

   18 CDs sind $\frac{3}{4}$ aller CDs.

   ■ $\xleftarrow[:3]{\cdot 3}$ $\xrightarrow[\cdot 4]{:4}$ 18 $\qquad$ $18 \cdot 4 : 3 = 24$

   Tim hatte anfangs 24 CDs.

2. a) $\frac{1}{4}$ $\qquad\qquad$ b) $\frac{1}{6}$ $\qquad\qquad$ c) $\frac{1}{12}$

3. $3:1$ stimmt (3 Anteile blau, 1 Anteil rot);

   $1/48 \left(= \frac{1}{48}\right)$ stimmt ebenfalls (1 Quadrat von 48 blauen Quadraten)

4. a) $\frac{1}{20}$ $\qquad\qquad$ b) $\frac{19}{20} - \frac{1}{5} = \frac{3}{4}$

5. a) $\frac{2}{5} + \frac{1}{3} = \frac{6}{15} = \frac{11}{15}$ $\quad$ b) $\frac{4}{15}$

   c) $\frac{4}{15}$ von □ € = 80 000 €

   □ $\xleftarrow[:4]{\cdot 4}$ $\xrightarrow[\cdot 15]{:15}$ 80 000 € $\qquad$ 80 000 € $\cdot$ 15 : 4 = 300 000 €

   Das gesamte Vermögen beträgt 300 000 €.

6. Der Scheich hatte nur $\frac{1}{2} + \frac{1}{3} + \frac{1}{9} = \frac{17}{18}$ seines Vermögens verteilt.

   Der Älteste erhält von den 18 Kamelen 9 Kamele, der Mittlere 6 Kamele und der Jüngste 2 Kamele. Da nur $\frac{17}{18}$ der Kamele verteilt wurden, bleibt das Kamel des guten Freundes übrig.

   Die Söhne erhalten aber so $\frac{9}{17}$; $\frac{6}{17}$ bzw. $\frac{2}{17}$ der vererbten Kamele.

Auf den Punkt gebracht: Intuitives Begründen

48

1.

n	$n^2 + n + 11$	Primzahl?
1	13	ja
2	17	ja
3	23	ja
4	31	ja
5	41	ja
6	53	ja
7	67	ja
8	83	ja
9	101	ja
10	121	nein
11	143	nein
12	167	ja
13	193	ja
14	221	nein
15	251	ja
16	283	ja
17	317	ja
18	353	ja
19	391	nein
20	431	ja
21	473	nein
22	517	nein

Man erhält auf jeden Fall dann keine Primzahl, wenn n ein Vielfaches von 11 ist. Auch für andere Zahlen stimmt Merlins Behauptung nicht.

2. a) Die Begründung von Julia kann auch falsch sein. So erhält man z. B. in Aufgabe 1 für n = 1 bis 9 immer Primzahlen, für n = 10 und 11 aber nicht mehr.
Die Begründung von Tom ist korrekt. Sie gilt für alle durch 3 teilbaren Zahlen.

   b) Die Behauptung ist falsch. Zwischen 16 und 20 liegen die Zahlen 17, 18 und 19.
Sie sind alle nicht durch 5 teilbar.

3. a) Lukas benutzt für Zähler und Nenner das Assoziativgesetz der Addition.

   b) Lukas Begründung gilt für alle Brüche und Erweiterungszahlen. Die Argumentation ist also stichhaltig.

49.

4. Siehe Aufgabe 1 bis 3.

49

5. Die Behauptung ist falsch, denn zwischen 24 und 28 liegen die Zahlen 25, 26 und 27. Alle drei Zahlen sind keine Primzahlen.

6. Die Behauptung stimmt. Begründung mit dem Assoziativ- und dem Kommutativgesetz für natürliche Zahlen, z. B.:

$$\frac{3}{5} \cdot \frac{2}{2} = \frac{3 \cdot 2}{5 \cdot 2} \cdot \frac{7}{7} = \frac{(3 \cdot 2) \cdot 7}{(5 \cdot 2) \cdot 7} = \frac{3 \cdot (2 \cdot 7)}{5 \cdot (2 \cdot 7)} = \frac{3 \cdot (7 \cdot 2)}{5 \cdot (7 \cdot 2)}$$

$$\frac{3}{5} \cdot \frac{7}{7} = \frac{3 \cdot 7}{5 \cdot 7} \cdot \frac{2}{2} = \frac{(3 \cdot 7) \cdot 2}{(5 \cdot 7) \cdot 2} = \frac{3 \cdot (7 \cdot 2)}{5 \cdot (7 \cdot 2)}$$

7. Die Behauptung ist falsch denn:

$$\left(\frac{1}{2} : 6\right) : 3 = \frac{1}{12} : 3 = \frac{1}{36} \text{ und } \frac{1}{2} : (6 : 3) = \frac{1}{2} : 2 = \frac{1}{4}$$

8. a) $\frac{5}{8} - \frac{1}{3} + \frac{3}{8} = \frac{15}{24} + \frac{3}{8} = \frac{7}{24} + \frac{9}{24} = \frac{16}{24} = \frac{2}{3}$

   $\frac{5}{8} + \frac{3}{8} - \frac{1}{3} = 1 - \frac{1}{3} = \frac{2}{3}$

   Beide Rechenwege führen zum selben Ergebnis.

   b) Bei natürlichen Zahlen darf man aufeinander folgende Additions- und Subtraktionsschritte vertauschen, falls die Subtraktion ausführbar ist.

   $\frac{5}{8} - \frac{1}{3} + \frac{3}{8} = \frac{15}{24} - \frac{8}{24} + \frac{9}{24} = \frac{15 - 8 + 9}{24} = \frac{15 + 9 - 8}{24} = \frac{15}{24} + \frac{9}{24} - \frac{8}{24} = \frac{5}{8} + \frac{3}{8} - \frac{1}{3}$

   Der Beweis gilt für alle beliebigen Brüche.

   c) Zum Beispiel kann man die Schritte in folgender Rechnung nicht vertauschen. $\frac{3}{8} + \frac{2}{8} - \frac{1}{2} = \frac{3}{8} - \frac{1}{2} + \frac{2}{8}$ kann man in der Reihenfolge nicht berechnen, da die Subtraktion $\frac{3}{8} - \frac{1}{2}$ nicht ausführbar ist.

9. Bei natürlichen Zahlen darf man Multiplikations- und Divisionsschritte vertauschen. Daher gilt:

   $$\frac{3}{5} \cdot 4 : 9 = \frac{3 \cdot 4 : 9}{5} = \frac{3 : 9 \cdot 4}{5} = \frac{3}{5} : 9 \cdot 4$$

   Die Behauptung ist also richtig.

10. Die Behauptung kann zutreffen:
    Vorher sind 12 Jungen und 16 Mädchen in der Klasse, hinterher 14 Jungen und 14 Mädchen.

2. Symmetrie

Lernfeld: Schöne Muster

54

1. Auftrag: Gesichtsfelder
→ Ein solcher Mensch läuft im wirklichen oder übertragenen Sinne durchs Leben, ohne nach links oder rechts zu schauen, d. h. er ignoriert seine Umwelt.
→ –
→ Das Gesichtsfeld der Ente ist so groß, um Feinde von allen Seiten rechtzeitig sehen zu können.
Der Eule, als Raubtier, reicht es, mögliche Beute vor sich sehen zu können.

2. Auftrag: Tapetenmuster
Keine Lösungen

59

3. Auftrag: Bilder mit Spiegeln
→ Wenn man mehrere Spiegel verwendet, sieht man sich unendlich oft, weil der eine Spiegel immer wieder das Bild des anderen zurückwirft usw.
→ Keine Lösungen

4. Auftrag: Spiel: Lass dich leiten, dreh dich
Keine Lösungen

2.1 Kreise

57

1. **a)** $d = 6\,cm$ **b)** $d = 9\,cm$ **c)** $r = 4\,cm$ **d)** $r = 4{,}1\,cm$

2. Kreisradien: 2 cm, 3,5 cm, 5 cm

3. Man faltet den Kreis so, dass die beiden Halbkreise zur Deckung kommen. Das macht man (mindestens) zweimal. Wo sich die Faltlinien schneiden, ist der Mittelpunkt des Kreises.

4. –

5. –

58

6. (1) Auf dem Kreis liegen die Punkte A, E, F.
   (2) Im Innern des Kreises liegen die Punkte B, C, G.
      [Außerhalb des Kreises liegen die Punkte D, H.]

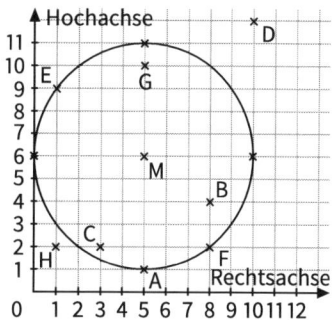

7. Druckfehler in den Auflagen 1 und 2: Der Standort Mainz fehlt im Aufgabentext.
   a) Siehe Karte rechts.
   b) Von keinem:

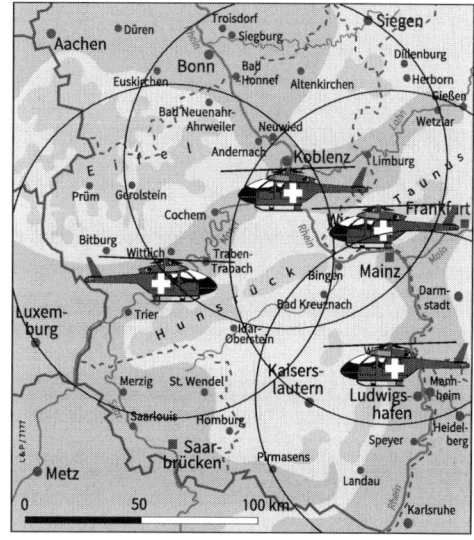

   Gießen, Homburg, Saarbrücken, Saarlouis, Metz, Aachen, Düren
   Von einem:
   Euskirchen, Bonn, Troisdorf, Siegburg, Bad Honnef, Altenkirchen, Siegen, Dillenburg, Herborn, Wetzlar, Limburg, Koblenz, Wiesbaden, Frankfurt, Bingen, Mainz, Bad Kreuznach, Darmstadt, Kaiserslautern, Ludwigshafen, Mannheim, Speyer, Heidelberg, Pirmasens, Landau, Karlsruhe, Merzig, St. Wendel, Idar Oberstein, Luxemburg, Trier, Bitburg, Wittlich, Traben-Trabach, Cochem, Prüm, Gerolstein, Andernach, Neuwied, Bad Neuenahr – Ahrweiler
   Nur von einem:
   Euskirchen, Bonn, Troisdorf, Siegburg, Bad Honnef, Altenkirchen, Siegen, Dillenburg, Herborn, Frankfurt, Speyer, Heidelberg, Pirmasens, Landau, Karlsruhe, Merzig, St. Wendel, Idar Oberstein, Luxemburg, Trier, Bitburg, Prüm,
   Von zwei (oder mehr):
   Wetzlar, Limburg, Koblenz, Wiesbaden, Bingen, Mainz, Bad Kreuznach, Darmstadt, Kaiserslautern, Ludwigshafen, Mannheim, Wittlich, Traben-Trabach, Cochem, Gerolstein, Andernach, Neuwied, Bad Neuenahr – Ahrweiler

58

8.

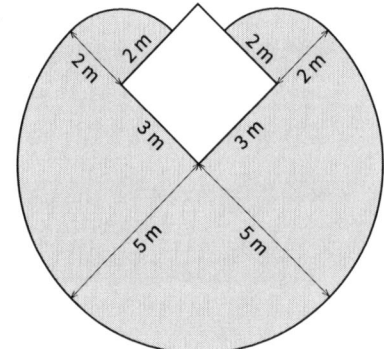

9. *Beispiele:* (hier verkleinert)

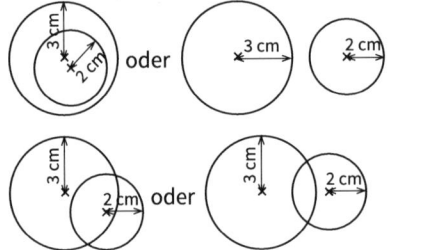

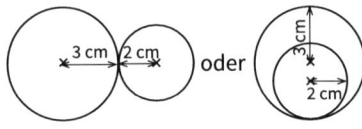

10. –

11. –

2.2 Halbgerade – Winkel

59

Einstieg:

a) Der „Amrumer Leuchtturm" ist von allen Seiten zu sehen und durch den sich alle 7,5 s wiederholenden Lichtstrahl zu erkennen.
Bei dem Leuchtturm „Ölhorn" kennzeichnet rotes Licht eine Gefahrenzone und grünes Licht eine sichere Zone.
Bei dem Leuchtturm „Nebel" sind die Fenster so ausgerichtet, dass der Schein des Leuchtturms nur auf dem Wasser zu sehen ist.

b) –

61

2. Der Winkel α entsteht durch Linksdrehung der Halbgeraden $\overrightarrow{AB}$ auf die Halbgerade $\overrightarrow{AC}$.
Der Winkel β entsteht durch Linksdrehung der Halbgeraden $\overrightarrow{BC}$ auf die Halbgerade $\overrightarrow{BA}$.
Der Winkel γ entsteht durch Linksdrehung der Halbgeraden $\overrightarrow{CA}$ auf die Halbgerade $\overrightarrow{CB}$.

61

3. Es gibt jeweils zwei Möglichkeiten, denn der Wind kann sich linksherum oder rechtsherum gedreht haben.

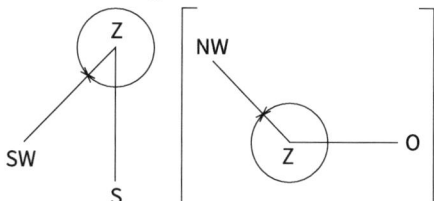

62

4. α entsteht durch Linksdrehung von a um S bis in die Lage von b bzw. durch Rechtsdrehung von b um S bis in die Lage von a.
β entsteht durch Linksdrehung von b um S bis in die Lage von a bzw. durch Rechtsdrehung von a um S bis in die Lage von b.

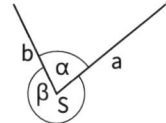

5. **a)** Die obere Halbgerade.　　**c)** Die rechte Halbgerade.
　 b) Die rechte Halbgerade.　　**d)** Die rechte Halbgerade.

6. **a)**

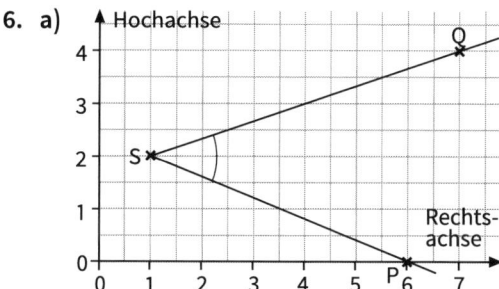

b)

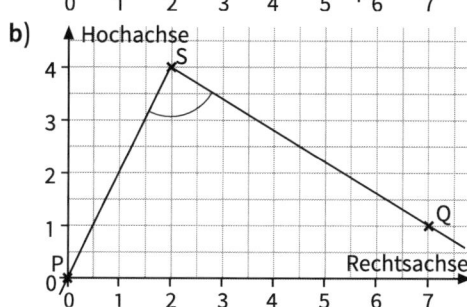

62

c)

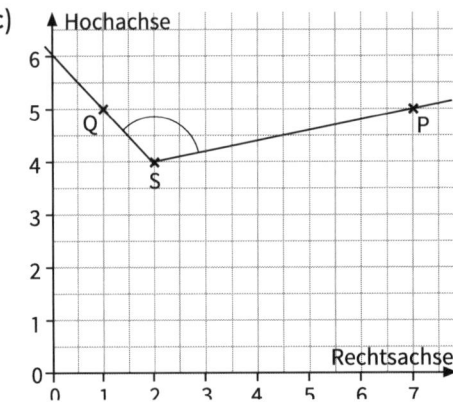

7. a) α entsteht durch Drehung der Halbgeraden $\overleftarrow{AB}$ auf $\overleftarrow{AC}$,
β durch Drehung der Halbgeraden $\overleftarrow{BC}$ auf $\overleftarrow{BA}$,
γ durch Drehung der Halbgeraden $\overleftarrow{CA}$ auf $\overleftarrow{CB}$.

b) α entsteht durch Drehung der Halbgeraden $\overleftarrow{AB}$ auf $\overleftarrow{AD}$,
β durch Drehung der Halbgeraden $\overleftarrow{BC}$ auf $\overleftarrow{BA}$,
γ durch Drehung der Halbgeraden $\overleftarrow{CD}$ auf $\overleftarrow{CB}$,
δ durch Drehung der Halbgeraden $\overleftarrow{DA}$ auf $\overleftarrow{DC}$.

7. c) α entsteht durch Drehung der Halbgeraden $\overleftarrow{AB}$ auf $\overleftarrow{AD}$,
β durch Drehung der Halbgeraden $\overleftarrow{BC}$ auf $\overleftarrow{BA}$,
γ durch Drehung der Halbgeraden $\overleftarrow{CD}$ auf $\overleftarrow{CB}$,
δ durch Drehung der Halbgeraden $\overleftarrow{DA}$ auf $\overleftarrow{DC}$.

8. Der tote Winkel bezeichnet den Winkel, den ein Autofahrer nicht einsehen kann. Das gelbe Dreieck stellt das Blickfeld des Fahrers dar, die dunklen Dreiecke das für den Autofahrer nicht einsehbare Stück, welches durch den sog. toten Winkel beschrieben wird (der obere Winkel der dunklen Dreiecke).

Das kann ich noch!
A) 1) $u = 12\,\text{cm}$, $A = 9\,\text{cm}^2$
2) $u = 10\,\text{m}$, $A = 6\,\text{m}^2$
B) 1) $O = 150\,\text{m}^2$, $V = 125\,\text{m}^3$
2) $O = 94\,\text{m}^2$, $V = 60\,\text{m}^3$

2.3 Messen von Winkeln – Winkelarten

63 **Einstieg:**
Die Tür des Stalls steht am weitesten offen, die Haustür am wenigsten weit.

65 3. Die erste Möglichkeit besteht darin, sich eine Hilfslinie zu zeichnen, die eine
Verlängerung der einen Halbgeraden ist. Danach misst man den Winkel
zwischen Hilfslinie und der anderen Halbgeraden und addiert die Größe des
erhaltenen Winkels zu 180°.
Die zweite Möglichkeit ist, den spitzen Winkel zu messen und dann α durch
Subtraktion der Größe des spitzen Winkels von 360° zu erhalten.

66 4. a) Die Winkel α, β, und γ sind gleich groß. b) α < γ < β

5. a) spitze Winkel: α, β stumpfe Winkel: γ, δ
b) spitze Winkel: β, δ stumpfe Winkel: α, γ
c) spitze Winkel: α, β, δ stumpfer Winkel: γ
d) spitze Winkel: α, β, δ überstumpfer Winkel: γ

6. –

7. *Beispiele:*
a) 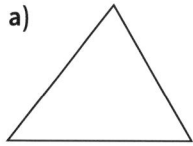 b) 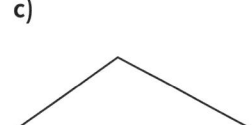 c)

8. *Beispiele:*
a) 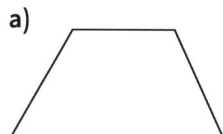 b) 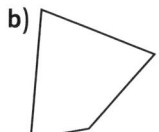 c) 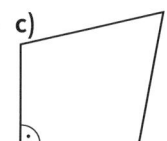 d)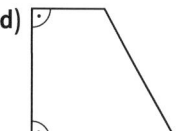

9. a) α = 45°; β = 23°; γ = 60° b) α = 108°; β = 124°; γ = 149°

10. α ist der kleinste Winkel, dann γ, dann δ, dann β als größter Winkel.
α = 37°; β = 124°; γ = 56°; δ = 117°

67 11. –

67

12. a)

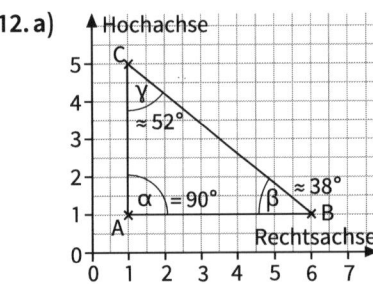

b)

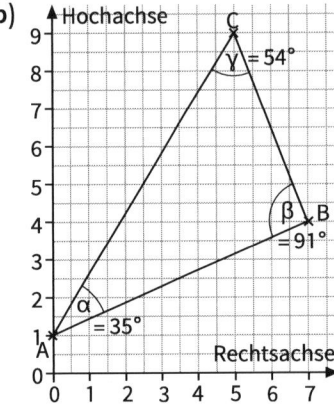

c)

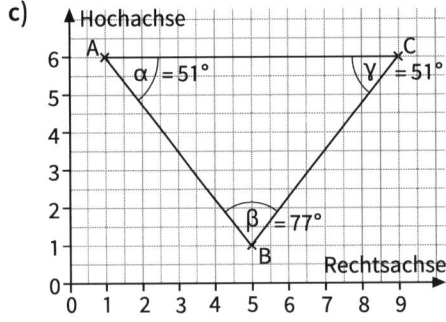

d)

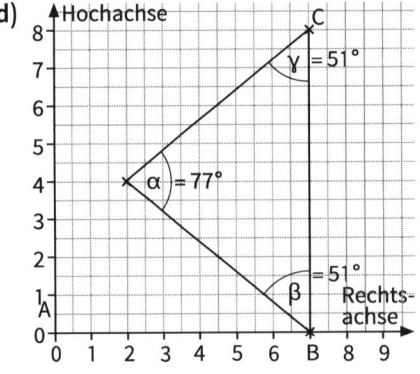

67

13. a) $\alpha = 256°$; $\beta = 277°$; $\gamma = 313°$ b) $\alpha = 194°$; $\beta = 341°$; $\gamma = 270°$

14. ungefähr 4°

15. 45°

16. Es lassen sich folgende Winkel bilden (Größen auf volle Grad gerundet):
    Im Viereck ABCD: $\alpha \approx 63°$, $\beta \approx 117°$, $\gamma \approx 97°$, $\delta \approx 83°$
    Im Dreieck ABC: $\alpha \approx 22°$, $\beta \approx 117°$, $\gamma \approx 42°$
    Dreieck ABD: $\alpha \approx 63°$, $\beta \approx 63°$, $\gamma \approx 53°$
    Dreieck ACD: $\alpha \approx 42°$, $\beta \approx 56°$, $\gamma \approx 83°$
    Dreieck BCD: $\alpha \approx 53°$, $\beta \approx 97°$, $\gamma \approx 30°$

17. –

2.4 Zeichnen von Winkeln

68

Einstieg
Keine Lösungen

69

2. a) Man trägt an dem gestreckten Winkel noch einen Winkel von 55° an
      $(180° + 55° = 235°)$ bzw. man zieht vom Vollwinkel 235° ab
      $(360° - 235° = 125°)$ und trägt diesen Winkel rechtsherum vom 1. Schenkel
      ab.
   b) –

3.

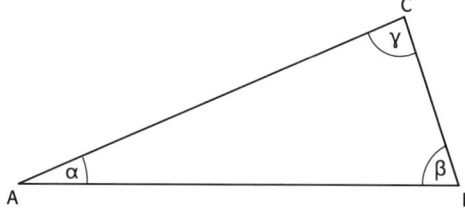

$|AC| \approx 5{,}7\,cm$
$|BC| \approx 2{,}4\,cm$
$\gamma = 85°$

4. spitze Winkel: a), b)   rechter Winkel; f)
    stumpfe Winkel: e), g), h)   Vollwinkel: o)
    gestreckter Winkel: d)   kein Winkel: c)
    überstumpfe Winkel: i), j), k), l), m), n)

69

5. a)

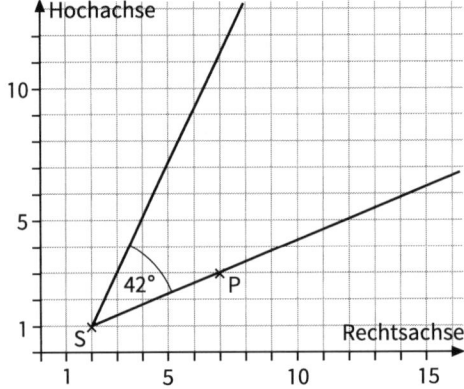

b)

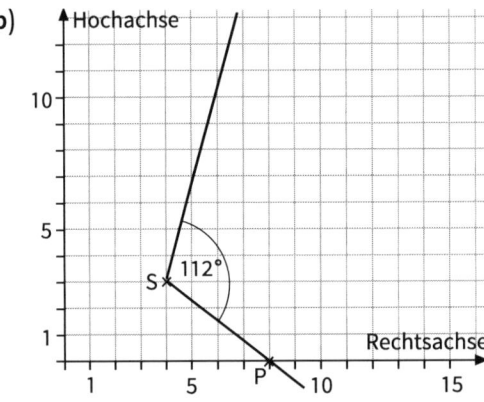

c)

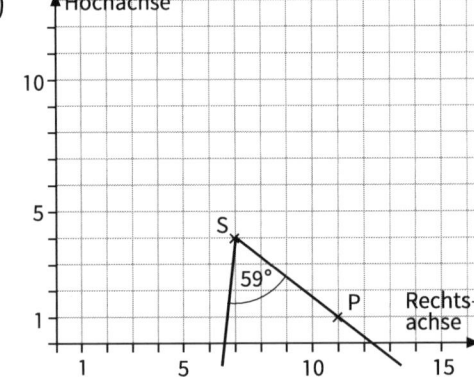

6. –

7. a) $|AC| \approx 8{,}3\,cm$
$|BC| \approx 7{,}2\,cm$
$\gamma = 80°$

b) $|AC| \approx 5{,}1\,cm$
$|BC| \approx 9{,}8\,cm$
$\gamma = 30°$

c) $|AC| \approx 8{,}7\,cm$
$|BC| \approx 5{,}5\,cm$
$\gamma = 32°$

d) $|AC| = 6\,cm$
$|BC| = 6\,cm$
$\gamma = 60°$

2.5 Kreisausschnitt – Mittelpunktswinkel

70

Einstieg:
Die Winkel in der Mitte sind alle gleich groß: $360° : 6 = 60°$.

2. $\delta = 360° - 60° - 130° - 100° = 70°$

71

3. 3 Kreisausschnitte: dreimal 120°
   5 Kreisausschnitte: fünfmal 72°
   6 Kreisausschnitte: sechsmal 60°
   9 Kreisausschnitte: neunmal 40°

4. a) 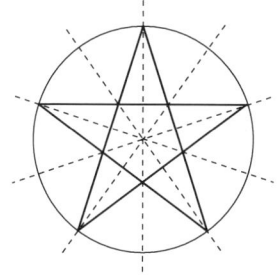   b)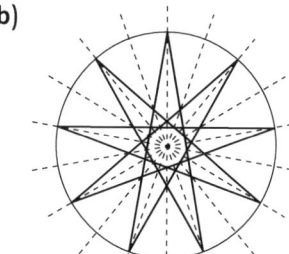

   $\alpha = 72°$; $\alpha = 40°$;
   5 Symmetrieachsen   9 Symmetrieachsen

5. a) 120°   c) In 2 Stunden, also 120 Minuten.
   b) 330° [450°]   d) Um 165°.

6. a) Die Mittelpunktswinkel betragen jeweils 120°.
      Die kleineren Kreise haben einen halb so großen Radius wie der große
      Kreis.
   b) Man erhält die Größe der Mittelpunktswinkel, indem man 360° durch die
      Anzahl der Teile teilt.

7. –

8. a) Es sind Kreisbogen, deren Mittelpunkt
      einen
      Radius halbieren. Man erhält gleich große
      Flächen, wenn die Mittelpunktswinkel
      gleich groß sind (hier 60°).
   b) Mittelpunktswinkel 72°.

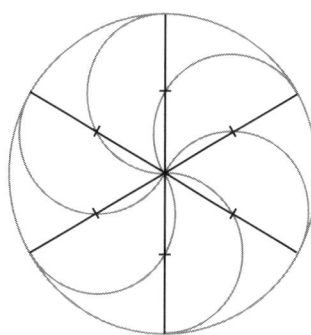

9. a) –
   b) Der Winkel ist etwa 28° groß.

Im Blickpunkt: Orientierung mithilfe von Winkeln

72

1. Der Fehler liegt in der Anweisung. In ihr steht nicht, in welcher Richtung Anne von ihrem „Kurs" abweichen sollte. Sie hätte an der Eiche nach links gehen müssen, um den Schatz zu finden.

2. –

3. a) **(1)** 90° **(2)** 90° **(3)** 45° **(4)** 90°
   b) **(1)** 90° **(3)** 180° **(5)** 225°
      (2) 135° **(4)** 135° **(6)** 270°

4. 61° nach rechts; ungefähr 10,9 km

5. Drehe dich um 37° nach rechts und gehe dann 124,2 m geradeaus.

73

6. a) „Geht vom Fähnchen aus vom Weg 120 m nach Süden. Dreht euch dann um 90° nach rechts und geht 250 m. Dreht euch dann um 195° nach links und geht so lange bis ihr die beiden Spitzen der Leuchtfeuer genau hintereinander seht."
   b) Man schaut auf dem GPS-Gerät immer wieder nach, wie sich die Position verändert. Am Besten geht man zunächst gerade in eine der „Haupt-Himmelsrichtungen" und zwar so lange, bis die eine Koordinate stimmt. Dann dreht man sich um 90° nach links oder rechts, und geht so lange in diese Richtung, bis auch die zweite Koordinate stimmt.
   c) Mit der Karte kann man die Position des Schatzes zunächst grob eingrenzen und zwar auf das unterste Kästchen rechts neben dem 0.458.000-Strich. Dieser Bereich deckt 0.458.000 – 0.458.100 in der einen und 6.053.000 – 6.053.100 in der anderen Richtung ab.
   Dann kann man mit den Angaben das genaue Versteck des Schatzes z. B. durch Schritte zählen (11 m rechts von 0.458.000 und 19 m oberhalb von 6.053.000) herausfinden.

7. –

2.6 Achsensymmetrie

75

1. Das linke Foto wurde achsensymmetrisch ergänzt.

2. –

76

3. –

4. a)
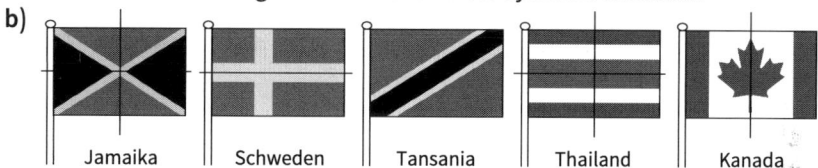

Beim letzten Schild gibt es unendlich viele Symmetrieachsen.

b)

| Jamaika | Schweden | Tansania | Thailand | Kanada |

5. a) A, B, C, D, E, H, I, M, O, T, U, V, W, X, Y
   b) –
   c) –

6. a)
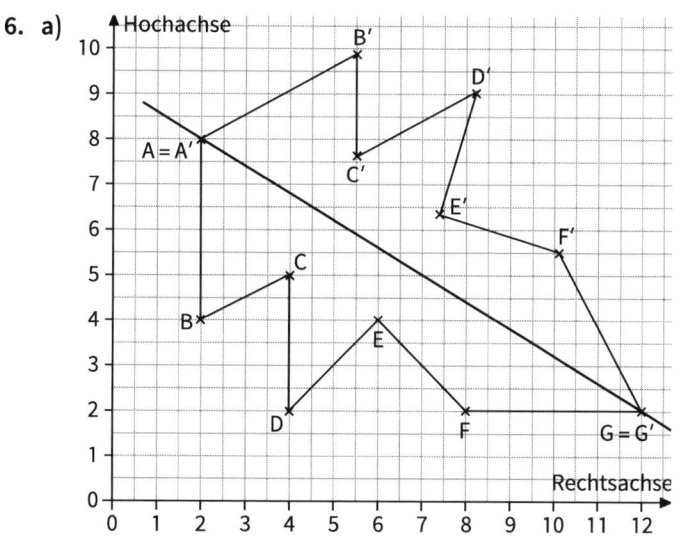

76

6. b)

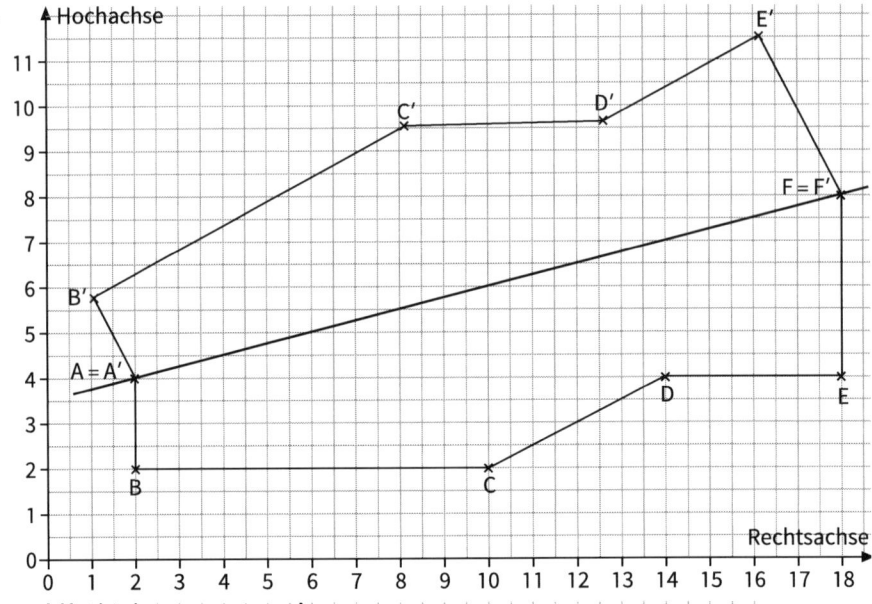

c)

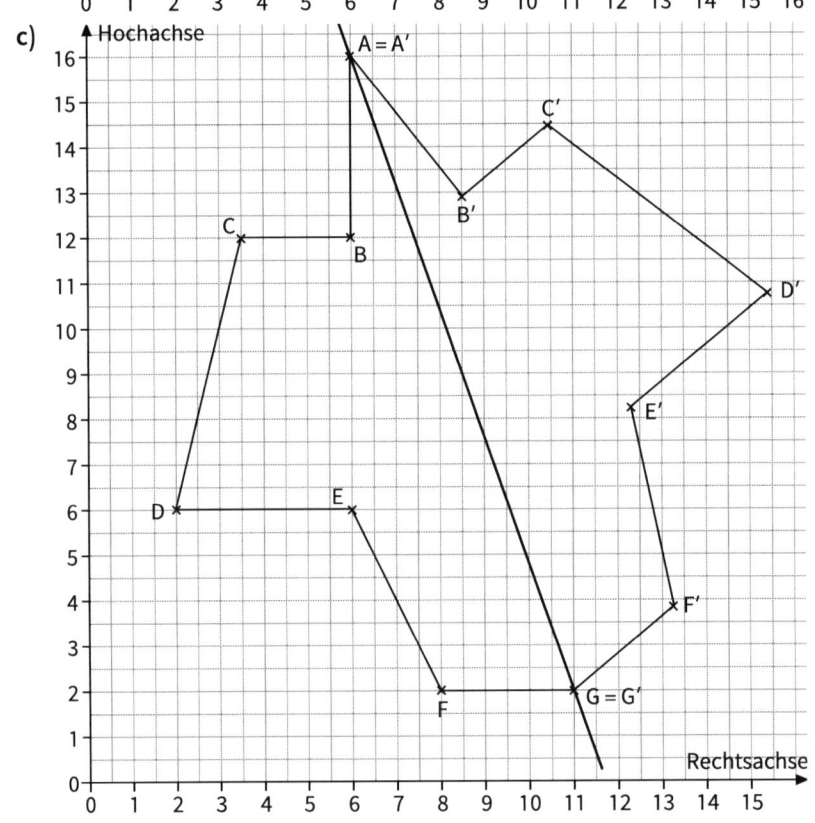

76

6. d)

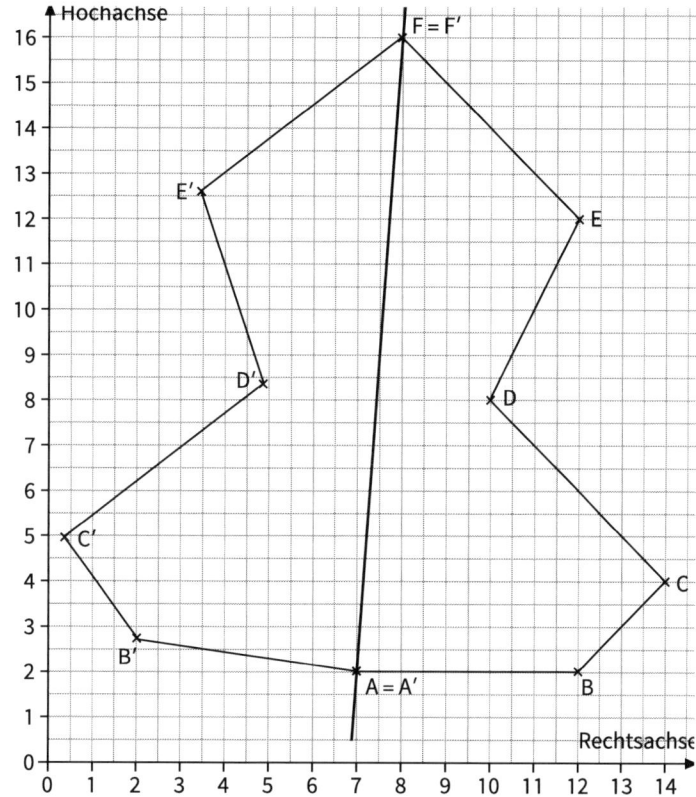

e)

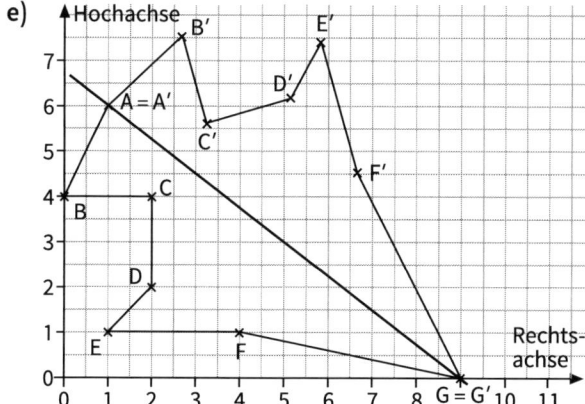

76

6. f)

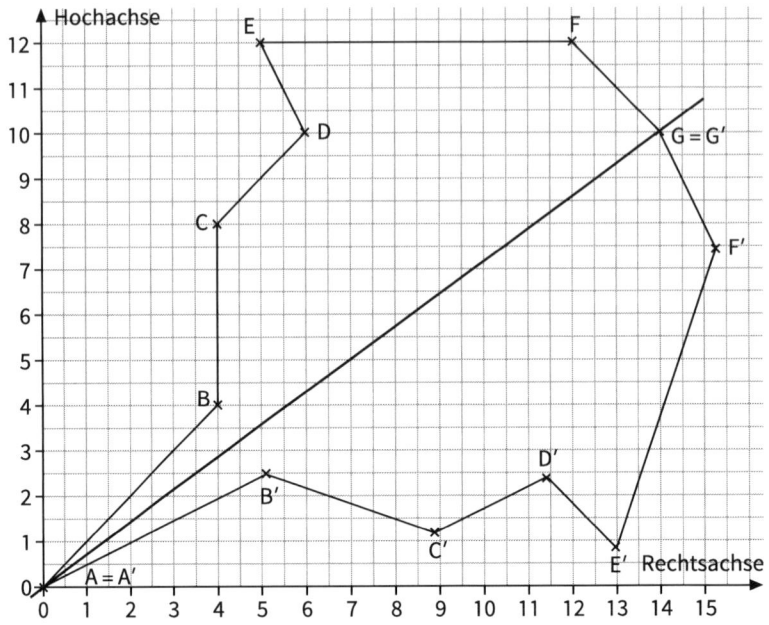

7. a) Symmetrieachse: AD

Punkt	A	B	C	D	E	F
Symmetriepartner	A	F	E	D	C	B

b) nicht achsensymmetrisch
c) nicht achsensymmetrisch
d) Symmetrieachse: BE

Punkt	A	B	C	D	E	F
Symmetriepartner	C	B	A	F	E	D

Im Blickpunkt: Dynamisches Geometriesystem

77

1. –

2. –

78

3. –

4. –

5. –

2.7 Spiegeln an einer Geraden

79 **Einstieg:**
Keine Lösungen

80 **2. a)** – **b)** Die Figur wird auf sich selbst abgebildet.

81 **3.** REGAL, OTTO, ANNA

4. Die Schrift ist spiegelbildlich geschrieben, damit man sie im Rückspiegel richtig herum lesen kann.

5. –

6. a) Plakette am Halsband und Fleck oberhalb des Schwanzes
b) Schnabel und Schwanzfeder
c) Die Flecken sowie das Auge sind verschieden.

7. a) Q′ muss gleich Q sein; R′ ist nicht korrekt gespiegelt.
b) C′ ist A′. Spiegelpunkt von C fehlt.
c) Die Farben wurden nicht korrekt gespiegelt, die grüne Fahne ist seitenverkehrt und der Abstand zur Spiegelachse ist nicht gleich groß.

82 **8.** –

9. (1) 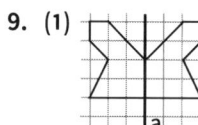 (2) 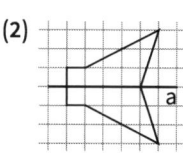 (3) 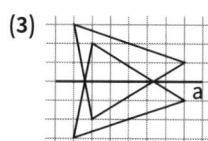 (4)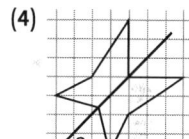

82

10. a)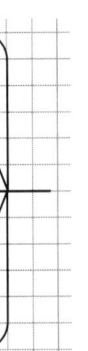

b)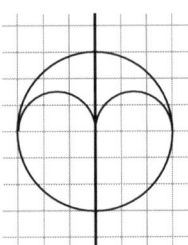

c)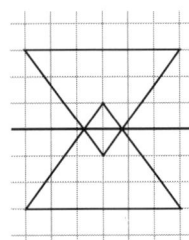

d)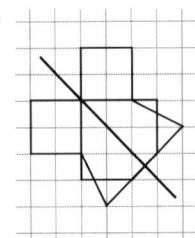

11. a) – b) 0, 3, 8 c) –

12. Quadrat: achsensymmetrisch zu den Diagonalen sowie den Geraden durch die Mittelpunkte der Quadratseiten

Rechteck: achsensymmetrisch zu den Geraden durch die Mittelpunkte der Rechteckseiten

Rhombus: achsensymmetrisch zu den Diagonalen

Parallelogramm: nicht achsensymmetrisch

13. –

83

14. a)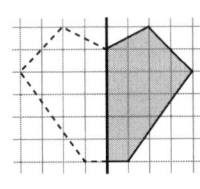

5 Ecken

b) (1)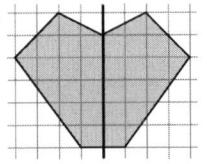

Das abgebildete Siebeneck, das durch Achsenspiegelung auf sich selbst abgebildet wird.

(2)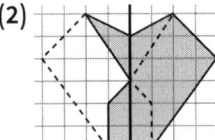

15. –

83

Das kann ich noch!

A) $\frac{19}{100}, \frac{1}{10}, \frac{1}{20}, \frac{3}{100}, \frac{1}{2}, 1$

B) 23 %, 7 %, 2 %, 35 %, 16 %, 90 %, 75 %, 40 %

2.8 Punktsymmetrie – Spiegeln an einem Punkt

84

Einstieg:

Der erste Spieler legt einen Cent genau in die Mitte. Legt der zweite Spieler nun seinen Cent ab, so legt der erste Spieler seinen Cent genau punktsymmetrisch zu diesem ab. Symmetriezentrum ist der zuerst abgelegte Cent.

So lange der zweite Spieler noch einen Platz findet, ist der dazu punktsymmetrisch liegende Platz immer frei, d. h. der erste Spieler kann nie verlieren.

86

2. a)

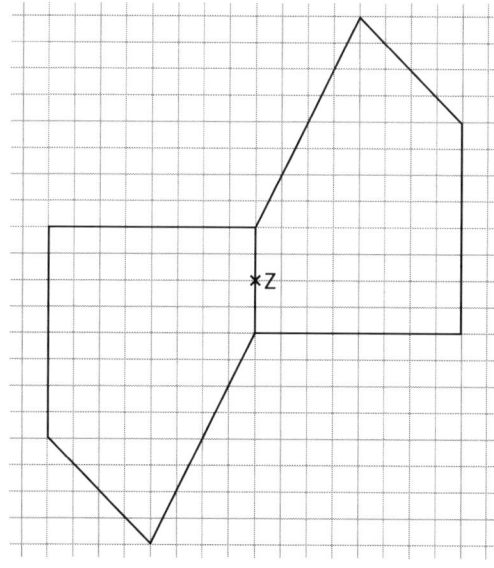

b) Die Figur wird auf sich abgebildet.

3. a) (1), (2) keine Symmetrie; (3) Punktsymmetrie
   b) –

4. Nur (3) ist punktsymmetrisch.

87

5. a) Alle Figuren sind punktsymmetrisch,

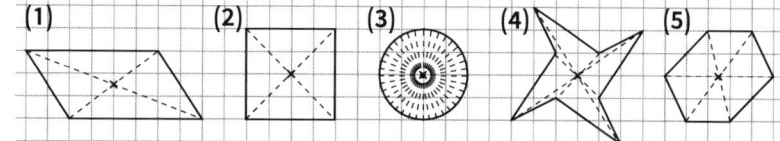

87 5. b) (2) und (3) sind achsensymmetrisch, und zwar:
(2) zu jedem beliebigen Durchmesser des Kreises;
(3) zu den Mittelsenkrechen und zu den Diagonalen.
Diese Figuren sind also punkt- und achsensymmetrisch ist.

87 6. a) Achsensymmetrisch: Karo Ass; Karo 8; Herz 8
Punktsymmetrisch: Karo Ass; Karo 8; Kreuz Dame
   b) Herz 8
   c) Kreuz Dame
   d) Pik 7; Kreuz 9

7. a) Das H ist punktsymmetrisch und besitzt zwei Spiegelachsen.
Achsensymmetrisch sind:
A, B, C, D, E, H (zwei Achsen), I (zwei Achsen), K, M, O (zwei Achsen), T, U, V,
W, X (zwei Achsen), Y
Punktsymmetrisch sind:
H, I, N, O, S, X, Z
   b) (1) z. B. OTTO   (2) –   (3) OHO

8. a) 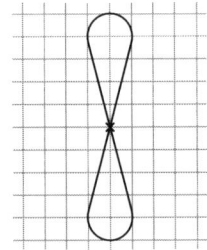   b) 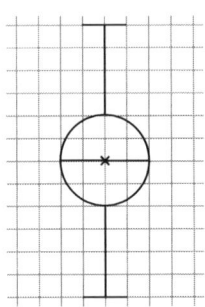   c)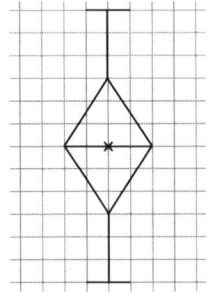

   d) 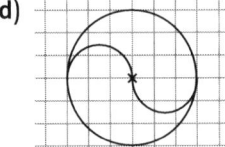   e)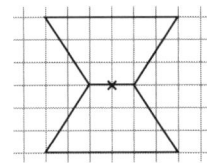

9. *Beispiele:*
   a) Der Kringel ist weiter eingerollt.
   b) Der Bart ist unterschiedlich.
   c) Der blaue Fleck ist links größer.

88 10. Quadrat: punktsymmetrisch; 4 Symmetrieachsen
Rechteck: punktsymmetrisch; 2 Symmetrieachsen
Raute: punktsymmetrisch; 2 Symmetrieachsen
Parallelogramm: punktsymmetrisch; keine Symmetrieachse

88

11. a)

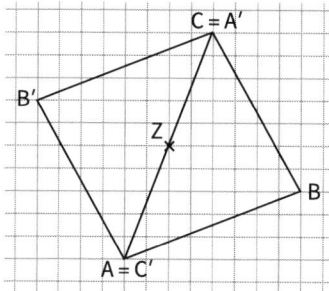

b)

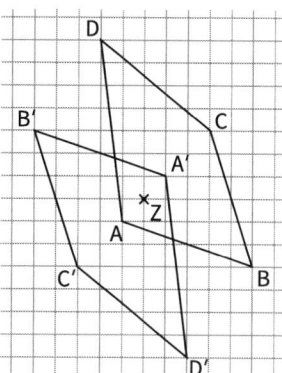

c)

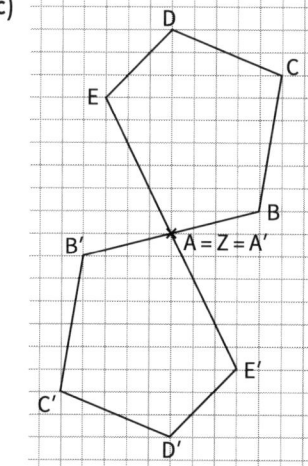

12. a) A′ (7|8); B′ (1|9); C′ (5|5)

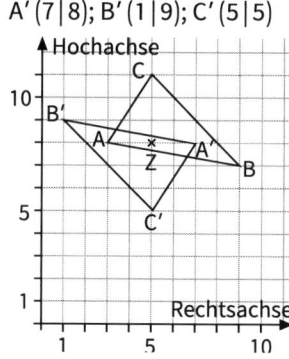

b) A′ (7|14); B′ (1|15); C′ (5|11)

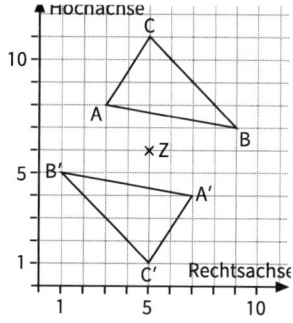

88

12. c) A′(7|4); B′(1|5); C′(5|1)

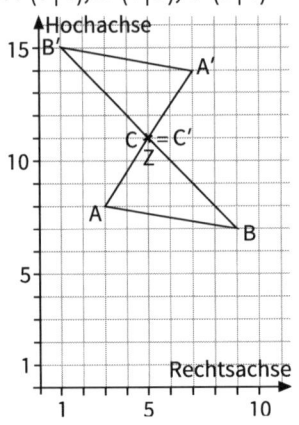

d) A′(13|10); B′(7|11); C′(11|7)

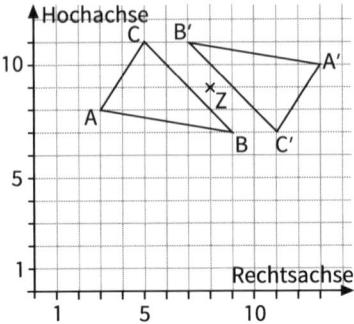

13. Druckfehler in der 1. und 2. Auflage: **c)** Z(3|6)

a) A′(6|6); B′(2|4); C′(5|0); D′(8|3)

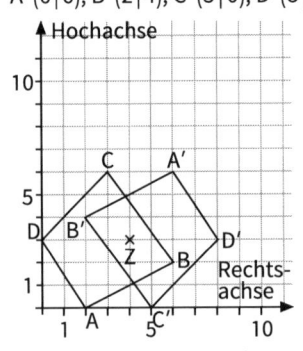

b) A′(8|8); B′(4|6); C′(7|2); D′(10|5)

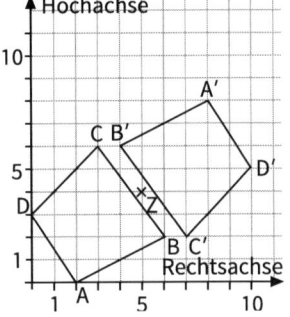

c) A′(4|12); B′(0|10); C′(3|6); D′(6|9)

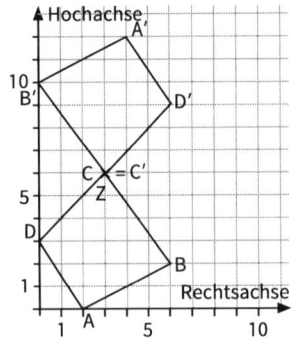

d) A′(10|10); B′(6|8); C′(9|4); D′(12|7)

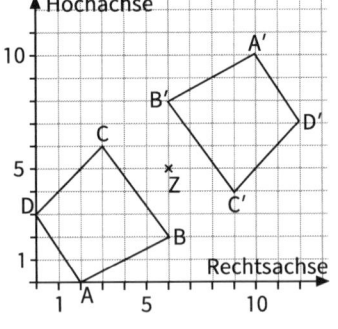

14. Für alle Bildkreise gilt r′ = r.

   a) M′(5|6)   **b)** M′(3|0)   **c)** M′(9|4)   **d)** M′ = M

15. Die Position des Bildvierecks verändert sich zwar, nicht aber seine Form.

88   16. –

2.9 Verschiebungen und ihre Eigenschaften

89   Einstieg:
–

91   3. –

4. –

5. –

6. a)

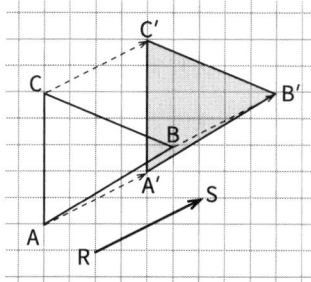

b)

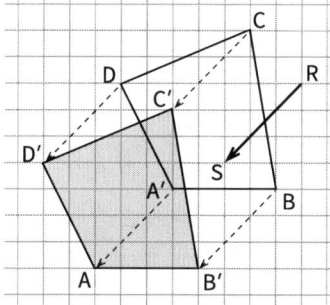

c)

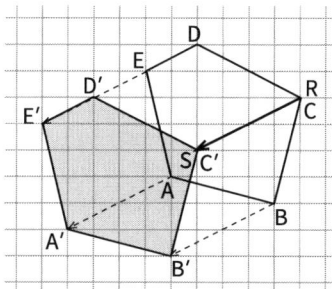

91

7. a)

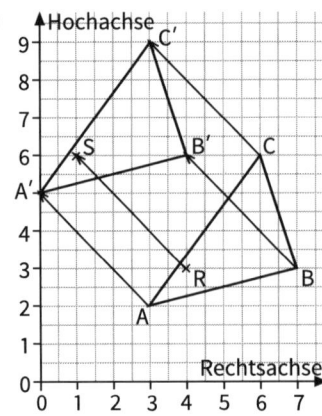

b)

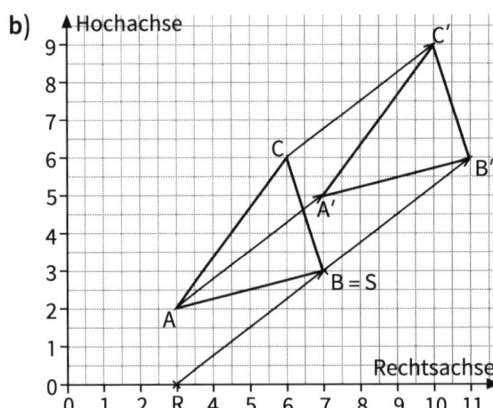

c)

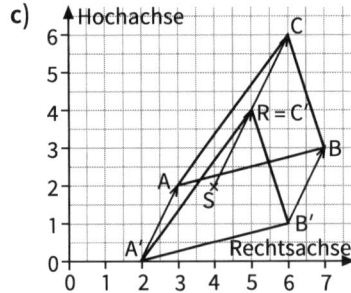

92

8. a) Verschiebung: 1 nach rechts, 4 nach unten
   b) keine Verschiebung; Seitenlängen verschieden
   c) Verschiebung: 2 nach links, 2 nach oben
   d) keine Verschiebung; Drehsinn unterschiedlich

9. Das Aussehen des Bildvierecks bleibt gleich, lediglich seine Lage ändert sich.

10. $r' = r = 1,5\,\text{cm}$
    a) $M'(2|6)$ b) $M'(9|9)$ c) $M'(3|8)$

92

11. –

12. Achsen- und verschiebungssymmetrisch.

Das kann ich noch!
A) $\frac{3}{4}$; $\frac{1}{2}$; $\frac{3}{8}$; $\frac{2}{5}$; $\frac{7}{8}$; $\frac{5}{2} = 2\frac{1}{2}$; $\frac{5}{7}$

B) $\frac{12}{24}$; $\frac{18}{24}$; $\frac{21}{24}$; $\frac{64}{24}$; $\frac{14}{24}$; $\frac{20}{24}$; $\frac{8}{24}$; $\frac{6}{24}$; $\frac{48}{24}$

2.10 Drehungen – Drehsymmetrie

93

Einstieg:
Keine Lösungen

95

3. a) Die Figur wird bei Drehungen um 120° und 240° nach links auf sich selbst abgebildet.
   b) Rechtsdrehung um 120° entspricht einer Linksdrehung um 240°.
   Rechtsdrehung um 240° entspricht einer Linksdrehung um 120°.

4. –

5. a)

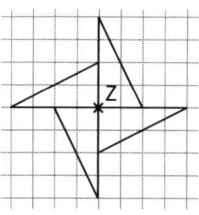

b)

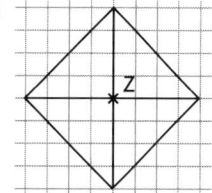

c)

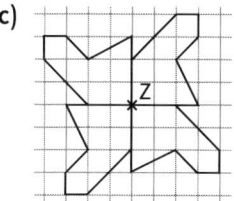

d)

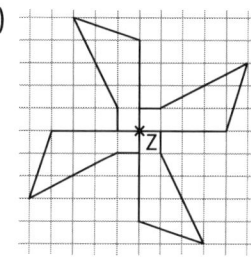

e)

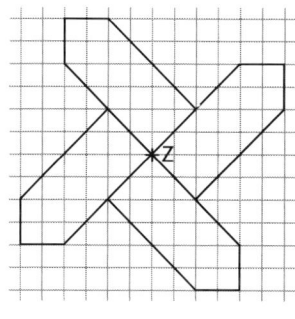

95

6. a)

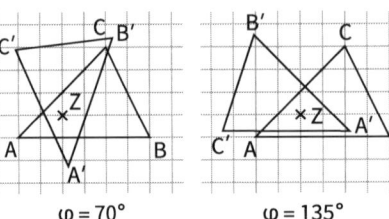 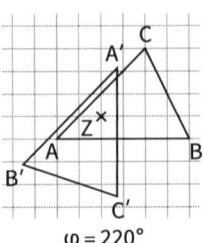

φ = 70° φ = 135° φ = 220°

b) –

7. a)

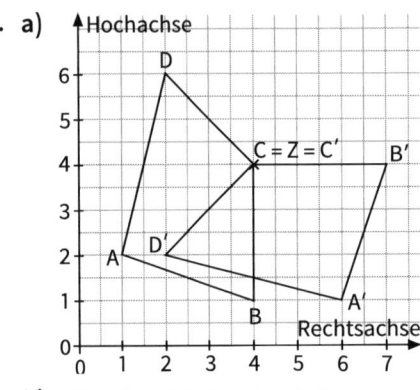

A′ (6│1)
B′ (7│4)
C′ (4│4)
D′ (2│2)

b)

A′ (1,8│1,6)
B′ (4,8│2,5)
C′ (3,1│5,0)
D′ (0,3│5,5)

95

7. c)

A′ (9,5 | 7,3)
B′ (6,7 | 8,8)
C′ (6,2 | 5,8)
D′ (7,8 | 3,5)

96

8. (1) 120° (2) 22,5° (3) 15°

9. Lage der Bildvierecke ändert sich, aber nicht die Form.

10. –

11. (1) ja, 120° (6) ja, 90°
(2) ja, 90° (7) ja, 120° (wenn man die Außenschrift nicht betrachtet)
(3) ja, 180° (8) ja, 120°
(4) ja, 120° (9) ja, 180°
(5) nein (10) ja, 90°

12. a) (1) Punkt-, Achsen-, Drehsymmetrie ($\varphi = 90°$)
(2) Achsen-, Drehsymmetrie ($\varphi = 120°$)
(3) Punkt-, Achsen-, Drehsymmetrie ($\varphi = 60°$)
(4) Achsen-, Drehsymmetrie ($\varphi = 120°$)
b) (1) 4 (2) 3 (3) 6 (4) 3
Bei zwei zueinander orthogonalen Symmetrieachsen ist die Figur auch punktsymmetrisch. [Bei der Drehsymmetrie ist hier das Produkt aus der Anzahl der Symmetrieachsen und dem kleinsten Drehwinkel gleich 360°.]

Im Blickpunkt: Symmetrie als Gestaltungsprinzip

97

1. Die Erklärung in dem Lexikon ist allgemeiner als die Erklärungen im Buch.

2. (1) Achsen- und Drehsymmetrie (bis auf Farben)
   (2) Achsensymmetrie
   (3) Achsen-, Punkt- und Drehsymmetrie
   (4) Achsensymmetrie (bis auf die Flaggen)
   (5) Punkt- und Drehsymmetrie (bis auf Farben und Form der Hände)

3. a) Die Ziffern sind symmetrisch angeordnet.
   b) 2 3 4 1 4 3 2
      7 3 5 beliebig beliebig 3 5 7
   c) $836^2 = 698\,896$; $2201^3 = 10\,662\,526\,600$
      Man erhält Palindrome.
   d) Bei Addition der beiden Zahlen weisen die Ziffern der 2. Zahl die umgekehrte Reihenfolge auf wie die der 1. Zahl.
      $158 + 851 = 1\,009$; $1\,009 + 9\,001 = 10\,010$; $10\,010 + 01\,001 = 11\,011$
      3 Schritte werden benötigt.
      Weitere Beispiele:
      $256 + 652 = 908$; $908 + 809 = 1\,717$; $1\,717 + 7\,171 = 8\,888$;
      $90\,508 + 80\,509 = 171\,017$; $171\,017 + 710\,171 = 881\,188$

4. a) $12^2 = 144$　　b) $13^2 = 169$
      $21^2 = 441$　　　　$31^2 = 961$
      $122^2 = 14\,884$　　aber
      $221^2 = 48\,841$　　$35^2 = 1\,225$
      $112^2 = 12\,544$　　$53^2 = 2\,809$
      $211^2 = 44\,521$
      $301^2 = 90\,601$
      $103^2 = 10\,609$

5. a) $1\,001 \cdot 123 = 123\,123$
      $100\,001 \cdot 12\,345 = 1\,234\,512\,345$
      In beiden Beispielen wiederholt sich eine bestimmte Ziffernfolge.
   b) $1\,000\,001 \cdot 123\,456 = 123\,456\,123\,456$

98

6. Z. B. TOKYO

7. a) Diese Wörter kann man vorwärts und rückwärts lesen (in (2) wechselt auch noch deutsch und englisch).
      (1) REGAL und LAGER　　　　　(2) reh und her
   b) Diese Sätze kann man vorwärts und rückwärts lesen.

8. „Verschiebung"; Jeder Buchstabe ist durch den nächsten im Alphabet ersetzt worden.

98

9. In den Endreimen.

10. (1) … zu *Stücken mich.*
    (2) Den Narren packt die *Reisewut,* …
    (3) Ich freue mich auf morgen *sehr,* da hab ich keine Sorgen *mehr.*

11. Zwischen der 9. und 10. Note liegt ein Symmetriezentrum, abgesehen von kleinen Störungen.

12. Dreht man das Buch um 180°, dann erhält man wieder dieselben Noten, also dasselbe Lied.

13. –

2.11 Aufgaben zur Vertiefung

99

1. a) Stuhl: 1 Symmetrieebene
      Tisch: 2 Symmetrieebenen
      Haken: 1 Symmetrieebene
      Hufeisen: 2 Symmetrieebenen
      Karton: 2 Symmetrieebenen (Deckel beachten)
      Hubschrauber: Keine Symmetrieebene, da die hinteren Rotorblätter nicht mittig angebracht sind.
      Schokolade: 4 Symmetrieebenen (Grundfläche ist ein gleichseitiges Dreieck.)
   b) –

2. Mansardendach: 2 Symmetrieebenen
   Krüppelwalmdach: 2 Symmetrieebenen
   Pultdach: 1 Symmetrieebene
   Satteldach: 2 Symmetrieebenen
   Bogendach: 2 Symmetrieebenen
   Kegeldach: unendlich viele Symmetrieebenen
   Walmdach: 2 Symmetrieebenen
   Scheddach: 1 Symmetrieebene
   Zeltdach: 4 Symmetrieebenen
   Kuppeldach: unendlich viele Symmetrieebenen

99

3. a) Siehe Bilder in Teilaufgabe b).

b) Ein Quader hat 3 Symmetrieebenen. Diese gehen jeweils durch die Mittelpunkte zueinander paralleler Kanten. Die Schnittfläche mit dem Quader ist jeweils ein Rechteck.

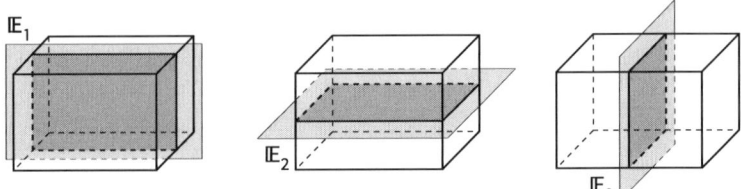

c) Da ein Würfel ein besonderer Quader ist, hat er dieselben 3 Symmetrieebenen wie ein Quader. Die Schnittflächen sind beim Würfel sogar Quadrate.

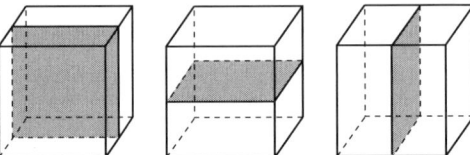

Weitere Symmetrieebenen gehen jeweils durch die Diagonalen der Quadrate.
Zerschneidet man den Würfel längs dieser Symmetrieebenen, so erhält man als Schnittfläche jeweils ein Rechteck.

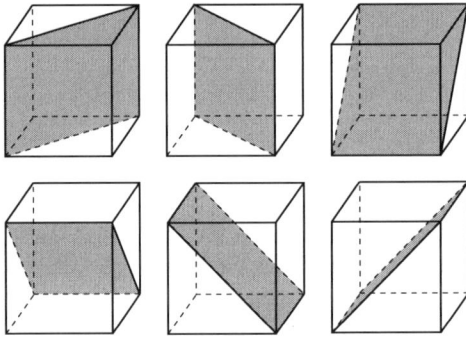

99

4. a) Quader mit quadratischer Grundfläche, der kein Würfel ist. Der Quader hat 5 Symmetrieebenen.

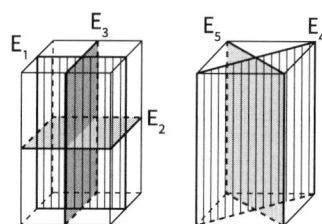

b)

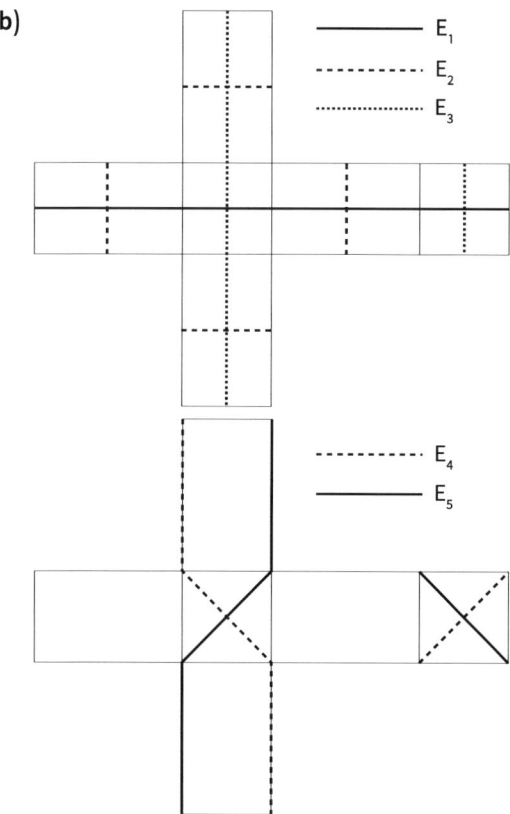

Bleib fit im Umgang mit Flächen- und Rauminhalten

1. a) (1) $2\,cm \cdot 2\,cm = 4\,cm^2$ (2) $5,5\,cm \cdot 2\,cm = 11\,cm^2$

2. *Quader:* $O = 2 \cdot (9\,cm \cdot 6\,cm + 9\,cm \cdot 5\,cm + 6\,cm \cdot 5\,cm) = 258\,cm^2$
   $V = 9\,cm \cdot 6\,cm \cdot 5\,cm = 270\,cm^3$
   Würfel: $O = 6 \cdot 6\,cm \cdot 6\,cm = 216\,cm^2$
   $V = 6\,cm \cdot 6\,cm \cdot 6\,cm = 216\,cm^3$

3. a) 1 cm sind 10 mm.
   Damit ergibt sich: $1\,cm^2 = 10\,mm \cdot 10\,mm = 100\,mm^2$.
   Also ist $1\,cm^2 = 100\,mm^2$.
   b) 1 cm sind 10 mm.
   Damit ergibt sich: $1\,cm^3 = 10\,mm \cdot 10\,mm \cdot 10\,mm = 1\,000\,mm^3$.
   Also sind $1\,000\,mm^3 = 1\,cm^3$.

4. a) $30\,600\,000\,m^2 \approx 30\,000\,000\,m^2 = 5\,000\,m \cdot 6\,000\,m = 5\,km \cdot 6\,km$
   b) $34\,088\,km^2 \approx 34\,000\,km^2 = 200\,km \cdot 170\,km$
   $[40\,517\,ha \approx 40\,000\,ha = 400\,km^2 = 20\,km \cdot 20\,km]$

5. a) $9\,000\,m^2$ b) $800\,mm^2$ c) $7\,000\,000\,m^2$ d) $5\,600\,000\,m^2$
   $12\,000\,a$ $9\,dm^2$ $290\,000\,a$ $0,56\,ha$
   $24\,a$ $450\,000\,dm^2$ $24\,000\,000\,cm^2$ $560\,000\,m^2$
   $36\,km^2$ $30\,000\,000\,mm^2$ $3\,ha$ $56\,ha$

6. Die andere Seite ist 4 cm lang. Der Flächeninhalt des Rechtecks beträgt $36\,cm^3$. Ein flächeninhaltsgleiches Quadrat hätte die Seitenlänge 6 cm.

7. a) $715\,000\,mm^3$ b) $17,6\,m^3$ c) $147\,000\,ml$ d) $1\,234\,dm^3$
   $3,4\,dm^3$ $93\,cm^3$ $9\,l$ $0,399\,l$

8. a) $242\,m^2$ c) $56,52\,cm^2$
   b) $54\,200\,cm^2 = 5,42\,m^2$ d) $241\,180\,cm^2$

9. $1\,l = 1\,dm^3 = 1\,000\,cm^3$
   Der Pappbehälter ist nicht ganz voll Milch. Wenn man nur mit ganzen cm rechnet, muss er mindestens 20 cm hoch sein, denn:
   $10\,cm \cdot 5\,cm \cdot 20\,cm = 1\,000\,cm^3 = 1\,l$.
   $O = 2 \cdot 10\,cm \cdot 5\,cm + 2 \cdot 5\,cm \cdot 20\,cm + 2 \cdot 10\,cm \cdot 20\,cm = 700\,cm^2$
   Für die Laschen und Überlappungen benötigt man auch noch Pappe, sodass man mit mehr als $700\,cm^2$ Pappe rechnen kann.

103

10. $260\,cm^2 : 2 = 130\,cm^2$

$130\,cm^2 - 8\,cm \cdot 5\,cm = 90\,cm^2$

$90\,cm^2 : (8\,cm + 5\,cm) = 90\,cm^2 : 13 = 6\frac{12}{13}\,cm \approx 6{,}9\,cm$

Der Quader ist etwa 6,9 cm hoch.

$V \approx 8\,cm \cdot 5\,cm \cdot 6{,}9\,cm = 276\,cm^3$.

104

11. **a)**   **b)**   **c)**

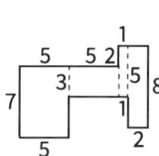
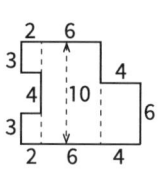
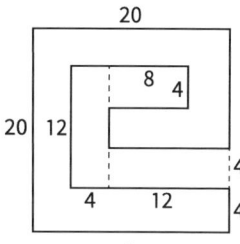

$A = 68\,cm^2$ $A = 88\,cm^2$ $A = 272\,cm^2$

12. **a)** Körper A: 12 Würfel; $V_A = 12\,cm^3$

         Körper B: 11 Würfel; $V_B = 11\,cm^3$

         Körper C: 10 Würfel; $V_C = 10\,cm^3$

         Körper D: 12 Würfel; $V_D = 12\,cm^3$

         Körper E: 10 Würfel; $V_E = 10\,cm^3$

         Körper A und Körper D haben das gleiche Volumen.

         Ebenso haben Körper C und Körper E das gleiche Volumen.

   b) Körper A: $O_A = 12\,cm^2$

         Körper B: $O_B = 38\,cm^2$

         Körper C: $O_C = 34\,cm^2$

         Körper D: $O_D = 40\,cm^2$

         Körper E: $O_E = 34\,cm^2$

   c) (1) Körper A: $3 \cdot 3 \cdot 3 - 12 = 27 - 12 = 15$ Würfel

            Körper B: $5 \cdot 5 \cdot 5 - 11 = 125 - 11 = 114$ Würfel

            Körper C: $5 \cdot 5 \cdot 5 - 10 = 125 - 10 = 115$ Würfel

            Körper D: $4 \cdot 4 \cdot 4 - 12 = 64 - 12 = 52$ Würfel

            Körper E: $3 \cdot 3 \cdot 3 - 10 = 27 - 10 = 17$ Würfel

       (2) Körper A: $3 \cdot 2 \cdot 2 - 12 = 12 - 12 = 0$ Würfel

            Körper B: $5 \cdot 2 \cdot 2 - 11 = 20 - 11 = 9$ Würfel

            Körper C: $5 \cdot 2 \cdot 1 - 10 = 10 - 10 = 0$ Würfel

            Körper D: $4 \cdot 2 \cdot 3 - 12 = 24 - 12 = 12$ Würfel

            Körper E: $2 \cdot 3 \cdot 3 - 10 = 18 - 10 = 8$ Würfel

13. $V_L = 11\,248\,cm^3$ $G_L = 33{,}744\,kg$ $V_U = 15\,392\,cm^3$ $G_U = 46{,}176\,kg$

14. $V = 98\,500\,cm^3 = 0{,}0985\,m^3 \approx 0{,}1\,m^3$ $G = 197\,kg$

      Es werden 0,0985 m³ Beton benötigt und das Gewicht beträgt 197 kg.

104 15. Druckfehler in der 1. Auflage: Die Gabione soll 10 cm höher als die Mülltonnen sein.

Die Gabione ist ein Prisma. Es gibt verschiedenen Möglichkeiten.

1. Möglichkeit: Drei einzelne Gabionen werden aneinander gestellt.

Maße in cm

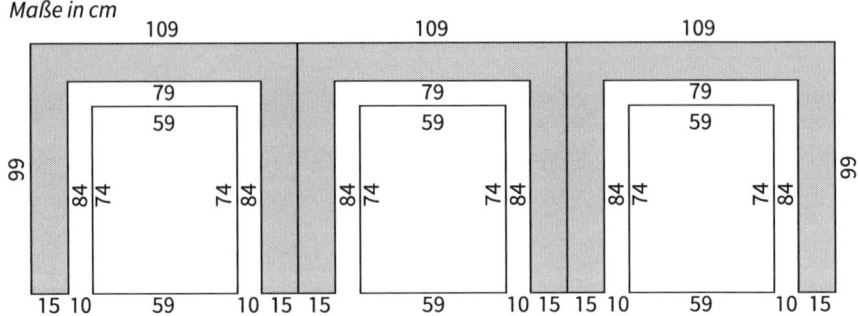

a) Flächeninhalt der benötigten Fläche:

$A = 3 \cdot 1{,}09 \, m \cdot 0{,}99 \, m = 3{,}2373 \, m^2$

Es muss eine Fläche von fast $3\frac{1}{4}\, m^2$ veranschlagt werden.

b) Grundflächeninhalt des Prismas:

$A = 3 \cdot (1{,}09 \, m \cdot 0{,}99 \, m - 0{,}79 \, m \cdot 0{,}84 \, m) = 1{,}2465 \, m^2$

Mantelflächeninhalt des Prismas:

$M = u \cdot h = 13{,}56 \, m \cdot 1{,}17 \, m = 15{,}8652 \, m^2$

Oberflächeninhalt des Prismas:

$O = 2 \cdot A + M = 2 \cdot 1{,}2465 \, m^2 + 15{,}8652 \, m^2 = 18{,}3582 \, m^2$

Es werden fast $18\frac{1}{2}\, m^2$ Stahldrahtmatten benötigt.

c) $V = A \cdot h = 1{,}2465 \, m^2 \cdot 1{,}17 \, m = 1{,}458405 \, m^3$

Die Gabione wird mit fast $1\frac{1}{2}\, m^3$ Bruchstein gefüllt.

2. Möglichkeit: Es gibt eine Gabione für alle drei Tonnen.
Zwischen den Tonnen ist auch 10 cm Abstand.

Maße in cm

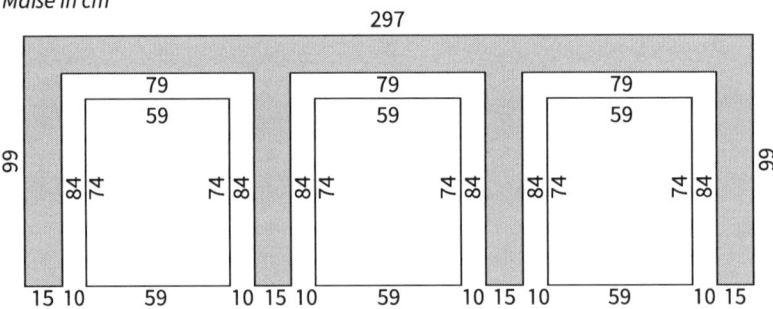

a) Flächeninhalt der benötigten Fläche:

$A = 2{,}97 \, m \cdot 0{,}99 \, m = 2{,}9403 \, m^2$

Es muss eine Fläche von fast $3 \, m^2$ veranschlagt werden.

104

15. b) Grundflächeninhalt des Prismas:

$A = 2{,}97\,\text{m} \cdot 0{,}99\,\text{m} - 3 \cdot 0{,}79\,\text{m} \cdot 0{,}84\,\text{m} = 0{,}9495\,\text{m}^2$

Mantelflächeninhalt des Prismas:

$M = u \cdot h = 12{,}96\,\text{m} \cdot 1{,}17\,\text{m} = 15{,}1632\,\text{m}^2$

Oberflächeninhalt des Prismas:

$O = 2 \cdot A + M = 2 \cdot 0{,}9495\,\text{m}^2 + 15{,}163\,\text{m}^2 = 17{,}0622\,\text{m}^2$

Es werden gut 17 m² Stahldrahtmatten benötigt.

c) $V = A \cdot h = 0{,}9495\,\text{m}^2 \cdot 1{,}17\,\text{m} = 1{,}107405\,\text{m}^3$

Die Gabione wird mit fast 1,11 m³ Bruchstein gefüllt.

3. Möglichkeit: Es gibt eine Gabione für alle drei Tonnen. Zwischen den Tonnen ist auch 10 cm Abstand.

Maße in cm

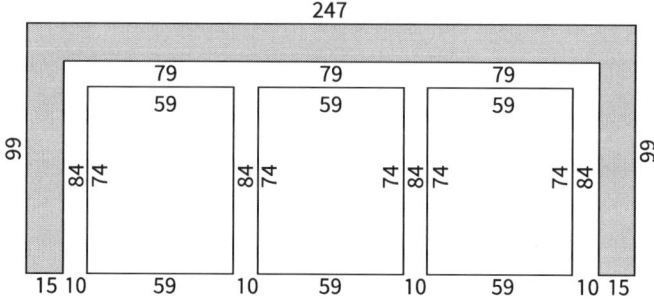

a) Flächeninhalt der benötigten Fläche:

$A = 2{,}47\,\text{m} \cdot 0{,}99\,\text{m} = 2{,}4453\,\text{m}^2$

Es muss eine Fläche von fast $2\frac{1}{2}\,\text{m}^2$ veranschlagt werden.

b) Grundflächeninhalt des Prismas:

$A = 2{,}47\,\text{m} \cdot 0{,}99\,\text{m} - 2{,}17\,\text{m} \cdot 0{,}84\,\text{m} = 0{,}6225\,\text{m}^2$

Mantelflächeninhalt des Prismas:

$M = u \cdot h = 8{,}60\,\text{m} \cdot 1{,}17\,\text{m} = 10{,}062\,\text{m}^2$

Oberflächeninhalt des Prismas:

$O = 2 \cdot A + M = 2 \cdot 0{,}6225\,\text{m}^2 + 10{,}062\,\text{m}^2 = 11{,}307\,\text{m}^2$

Es werden gut 11,3 m² Stahldrahtmatten benötigt.

c) $V = A \cdot h = 0{,}6225\,\text{m}^2 \cdot 1{,}17\,\text{m} = 0{,}728325\,\text{m}^3$

Die Gabione wird mit fast $\frac{3}{4}\,\text{m}^3$ Bruchstein gefüllt.

3. Dezimalbrüche

Lernfeld: Rechnen beim Wintersport

106

→ Görgl war 5 Hundertstel Sekunden schneller als Mancuso und Mancuso war 16 Hunderstel Sekunden schneller als Riesch.
→ Keine Lösungen
→ Keine Lösungen

3.1 Dezimale Schreibweise für Bruchzahlen

3.1.1 Schreibweise und Aufbau von Dezimalbrüchen

107

Einstieg:
Keine Lösungen

109

2. a) $1{,}137\,m = 1\,m + 1\,dm + 3\,cm + 7\,mm$
$$= 1\,m + \frac{1}{10}\,m + \frac{3}{100}\,m + \frac{7}{1\,000}\,m = 1\frac{137}{1\,000}\,m$$
  b) (1) $\frac{6}{10}; \frac{7}{100}; \frac{4}{1\,000}; \frac{5}{10\,000}$
   (2) $\frac{16}{100}; \frac{27}{1\,000}; \frac{307}{1\,000}; \frac{4\,087}{10\,000}$
   (3) $5\frac{7}{10}; 7\frac{26}{100}; 4\frac{38}{1\,000}; 12\frac{4\,704}{10\,000}$
  c) (1) 0,3; 0,05; 0,00001; 0,000006   (3) 1,5; 1,11; 2,504; 3,00001
   (2) 0,15; 0,123; 0,0765; 0,201   (4) 2,5; 62,5; 1,02; 3,98; 9,375
   Die Anzahl der Stellen nach dem Komma entspricht der Anzahl der Nullen im Nenner.

3. a) (1) $\frac{5}{10} = \frac{50}{100}$ (2) $\frac{3}{10} = \frac{300}{1\,000}$ (3) $2\frac{1}{10} = 2\frac{1\,000}{10\,000}$
  b) Die Zahlen bleiben gleich. Dies lässt sich durch Umwandeln der Dezimalbrüche in gewöhnliche Brüche mit anschließendem Kürzen schnell sehen.
  c) (1) 4,32   (2) 8,3   (3) 3,805   (4) 760,32   (5) 300,001
   Vor dem Komma können alle Nullen links der letzten Ziffer ungleich Null weggelassen werden, hinter dem Komma alle Nullen rechts der letzten Ziffer ungleich Null.
  d) Auch beim Erweitern/Kürzen bei gewöhnlichen Brüchen ändert sich der Wert nicht, das Anhängen und Weglassen von Nullen bei Dezimalbrüchen entspricht dem Erweitern/Kürzen mit 10, 100, 1000, … bei gewöhnlichen Brüchen.

109

4. a)

m²		dm²		cm²		mm²		Schreibweisen
Z	E	Z	E	Z	E	Z	E	
				3	5			$35\,\text{cm}^2 = \frac{35}{100}\,\text{dm}^2 = 0{,}35\,\text{dm}^2$
			3	5	9			$359\,\text{cm}^2 = 3\,\text{dm}^2\,59\,\text{cm}^2 = 3\frac{59}{100}\,\text{dm}^2 = 3{,}59\,\text{dm}^2$
		3	1	7				$3\,\text{m}^2\,17\,\text{dm}^2 = 3\frac{17}{100}\,\text{m}^2 = 3{,}17\,\text{m}^2$
			5	5	9			$559\,\text{cm}^2 = 5\,\text{dm}^2\,59\,\text{cm}^2 = 5\frac{59}{100}\,\text{dm}^2 = 5{,}59\,\text{dm}^2$
	9		4					$9\,\text{m}^2\,4\,\text{dm}^2 = 9\frac{4}{100}\,\text{m}^2 = 9{,}04\,\text{m}^2$
		8	5					$85\,\text{dm}^2 = \frac{85}{100}\,\text{m}^2 = 0{,}85\,\text{m}^2$
		8	5	0				$850\,\text{dm}^2 = 8\,\text{m}^2\,50\,\text{dm}^2 = 8\frac{50}{100}\,\text{m}^2 = 8{,}50\,\text{m}^2 = 8{,}5\,\text{m}^2$
							7	$7\,\text{mm}^2 = \frac{7}{100}\,\text{cm}^2 = 0{,}07\,\text{cm}^2$

b)

m³	dm³			cm³			mm³			Schreibweisen
E	H	Z	E	H	Z	E	H	Z	E	
				7	5	1				$751\,\text{cm}^3 = \frac{751}{1000}\,\text{dm}^3 = 0{,}751\,\text{dm}^3$
			6	8	4	2				$6\,842\,\text{cm}^3 = 6\,\text{dm}^3\,842\,\text{cm}^3 = 6\frac{842}{1000}\,\text{dm}^3 = 6{,}842\,\text{dm}^3$
			3	7	2	5				$3\,\text{dm}^3\,725\,\text{cm}^3 = 3\frac{725}{1000}\,\text{dm}^3 = 3{,}725\,\text{dm}^3$
7		5	4							$7\,\text{m}^3\,54\,\text{dm}^3 = 7\frac{54}{1000}\,\text{m}^3 = 7{,}054\,\text{m}^3$
						3			2	$3\,\text{cm}^3\,2\,\text{mm}^3 = 3\frac{2}{1000}\,\text{cm}^3 = 3{,}002\,\text{cm}^3$
		9	7							$97\,\text{dm}^3 = \frac{97}{1000}\,\text{m}^3 = 0{,}097\,\text{m}^3$
							2	9	5	$295\,\text{mm}^3 = \frac{295}{1000}\,\text{cm}^3 = 0{,}295\,\text{cm}^3$

Das kann ich noch!

A) 1) 4 632   4) 379   7) 5 037   10) 17
    2) 15 037   5) 2 664   8) 508 000   11) 391
    3) 100 694   6) 47 536   9) 112 656   12) 357

110

5. a) 100 m: $12\,\text{s} + \frac{2}{10}\,\text{s} = 12\frac{2}{10}\,\text{s}$

   $4 \times 100\,\text{m}$: $48\,\text{s} + \frac{4}{10}\,\text{s} = 48\frac{2}{5}\,\text{s}$

   b) 100 m: $10\,\text{s} + \frac{7}{10}\,\text{s} + \frac{5}{100}\,\text{s} = 10\frac{3}{4}\,\text{s}$

   $4 \times 100\,\text{m}$: $41\,\text{s} + \frac{9}{10}\,\text{s} + \frac{5}{100}\,\text{s} = 41\frac{19}{20}\,\text{s}$

   c) Rennrodeln: 1. Lauf: $48\,\text{s} + \frac{1}{10}\,\text{s} + \frac{6}{100}\,\text{s} + \frac{8}{1000}\,\text{s} = 48\frac{21}{125}\,\text{s}$

   2. Lauf: $48\,\text{s} + \frac{4}{10}\,\text{s} + \frac{2}{1000}\,\text{s} = 48\frac{201}{500}\,\text{s}$

110

6. a) $12{,}345 = 12\frac{345}{1\,000} = 12\frac{69}{200}$

$\quad 7{,}64 = 7\frac{64}{100} = 7\frac{16}{25}$

$\quad 3{,}08 = 3\frac{8}{100} = 3\frac{2}{25}$

$\quad 7{,}2 = 7\frac{2}{10} = 7\frac{1}{5}$

$\quad 13{,}303 = 13\frac{303}{1\,000}$

b) $8{,}76543 = 8\frac{76\,543}{100\,000}$

$\quad 0{,}6135 = \frac{6\,135}{10\,000} = \frac{1\,227}{2\,000}$

$\quad 0{,}78 = \frac{78}{100} = \frac{39}{50}$

$\quad 0{,}03871 = \frac{3\,871}{100\,000}$

$\quad 11{,}30052 = 11\frac{30\,052}{100\,000} = 11\frac{7\,513}{25\,000}$

c) $3{,}0201 = 3\frac{201}{10\,000}$

$\quad 60{,}4218 = 60\frac{4\,218}{10\,000} = 60\frac{2\,109}{5\,000}$

$\quad 38{,}00002 = 38\frac{2}{100\,000} = 38\frac{1}{50\,000}$

$\quad 0{,}2301 = \frac{2\,301}{10\,000}$

$\quad 23{,}04005 = 23\frac{4\,005}{100\,000} = 23\frac{801}{20\,000}$

7. (1) Einer   (3) Zehntel   (5) Zehntausendstel
   (2) Hunderstel   (4) Tausendstel

8. a) 32,15   b) 782,415   c) 4,3517   d) 0,135   e) 2 143,5

9. Sophie hat Unrecht, die Tausendstel stehen rechts von den Hundertsteln. Patricks Aussage stimmt, mit der Ausnahme, dass es keine „Eintel" gibt. Nur Leas Aussage ist vollkommen korrekt.

10.

	E	z	h	t	zt	ht	mio	
Spinnwebfaden	0	0	0	5				$\frac{5}{1\,000} = \frac{1}{200}$
Ölfleck	0	0	0	0	0	0	1	$\frac{1}{1\,000\,000}$
Bakterien	0	0	0	0	5			$\frac{5}{10\,000} = \frac{1}{2\,000}$

111

11. a) $17 + \frac{8}{10} + \frac{5}{100} + \frac{6}{1\,000}$

b) $6 + \frac{0}{10} + \frac{7}{100} + \frac{8}{1\,000}$

c) $0 + \frac{0}{10} + \frac{6}{100} + \frac{9}{1\,000}$

d) $0 + \frac{8}{10} + \frac{4}{100} + \frac{7}{1\,000} + \frac{2}{10\,000}$

e) $13 + \frac{0}{10} + \frac{0}{100} + \frac{5}{1\,000}$

f) $7 + \frac{5}{10} + \frac{1}{100} + \frac{2}{1\,000} + \frac{0}{10\,000} + \frac{3}{100\,000}$

g) $0 + \frac{0}{10} + \frac{7}{100} + \frac{0}{1\,000} + \frac{4}{10\,000}$

h) $3 + \frac{0}{10} + \frac{0}{100} + \frac{1}{1\,000} + \frac{5}{10\,000}$

12. a) $\frac{75}{100} = \frac{3}{4}$

$\quad \frac{25}{100} = \frac{1}{4}$

b) $\frac{6}{10} = \frac{3}{5}$

$\quad \frac{488}{100} = \frac{122}{25} = 4\frac{22}{25}$

c) $\frac{625}{1\,000} = \frac{5}{8}$

$\quad \frac{10\,481}{10\,000} = 1\frac{481}{10\,000}$

d) $\frac{125}{1\,000} = \frac{1}{8}$

$\quad \frac{1\,701}{1\,000} = 1\frac{701}{1\,000}$

e) $\frac{505}{1\,000} = \frac{101}{200}$

$\quad \frac{5\,005}{10\,000} = \frac{1\,001}{2\,000}$

f) $\frac{3}{10\,000}$

$\quad \frac{38\,200}{10\,000} = \frac{382}{100} = \frac{191}{50} = 3\frac{41}{50}$

111

13.

	H	Z	E	z	h	t	zt	
a)			0	2				0,2
			0	1	9			0,19
			0	0	4			0,04
			0	0	4	9		0,049
			0	0	0	2	6	0,0026
			0	0	0	0	3	0,0003
b)			2	0	0	7		2,007
			5	2	5	0		5,250
			7	8	5	0		7,850
		1	0	0	4			10,04

14. a) $\frac{27}{10} = 2\frac{7}{10} = 2,7$ **c)** $0,58 = \frac{58}{100}$

b) $5,41 = 5\frac{41}{100}$ **d)** $7,20 = \frac{720}{100} = 7\frac{20}{100}$

15. a) 0,6; 0,25; 0,0302; 0,0002; 1,5 **c)** 0,3002; 30; 10,04; 2,2

b) 2,005; 5,002001; 0,006; 4,0404 **d)** 180,4; 70; 1,02103; 0; 0,004

16. a) Annaturm: 6,500 km = 6 500 m
Nordmannsturm: 2,200 km = 2 200 m
Kreuzbuche: 1,800 km = 1 800 m

b) 0,500 l = 500 ml **c)** 25,40 m² = 2 540 dm²
0,200 l = 200 ml 7,30 m² = 730 dm²
0,330 l = 330 ml 5,20 m² = 520 dm²
  12,60 m² = 1 260 dm²

17. a) 2 km 300 m = 2 300 m **d)** 3 m³ 400 dm³ = 3 400 dm³
4 km 750 m = 4 750 m 0 cm³ 800 mm³ = 800 mm³
0 km 400 m = 400 m 0 dm³ 400 cm³ = 400 cm³

b) 6 t 80 kg = 6 080 kg **e)** 0 l 800 ml = 800 ml
4 kg 850 g = 4 850 g 0 l 330 ml = 330 ml
0 g 1 mg = 1 mg 1 l 50 ml = 1050 ml

c) 19 m² 30 dm² = 1 930 dm² **f)** 0 h 30 min = 30 min
0 dm² 80 cm² = 80 cm² 0 h 6 min = 6 min
0 ha 50 a = 50 a 2 h 30 min = 150 min

18. a) 0,06; 0,25; 0,8; 0,61; 1,5; 0,02; 0,79; 1,31; 10
b) 50 %; 5 %; 25 %; 100 %; 60 %; 31 %; 10 %; 160 %; 3 %; 95 %; 275 %; 1 060 %

19. a) 2,5 Tsd. = 2,500 Tsd. = 2 500
b) 3,04 Mio. = 3,040000 Mio. = 3 040 000
c) 10,5 Mrd. = 10,500000000 Mrd. = 10 500 000 000
d) 0,6 Mrd. = 0,600000000 Mrd. = 600 000 000

111

19. e) $3\frac{1}{2}$ Mio. = 3,500000 Mio. = 3 500 000

f) $\frac{1}{2}$ Bio. = 0,500000000000 = 500 000 000 000

g) 3,52 Mio. = 3,520000 Mio. = 3 520 000

h) 7,23 Mrd. = 7,230000000 Mrd. = 7 230 000 000

112

20. 14 730 000 Zuschauer; 10 700 000 000 €; 9 250 000 000 €;
47 800 000 Übernachtungen; 2 069 000 000 000 €

21. –

3.1.2 Umformen durch Erweitern oder Kürzen

Einstieg:

0,33 l Orangensaft ist mehr als $\frac{1}{4}$ l = 0,25 l Orangensaft. 0,2 l Ananassaft ist weniger als $\frac{1}{4}$ l = 0,25 l Ananassaft. Lukas müsste also zwei Packungen Ananassaft kaufen.

113

2. a) $\frac{2}{5}=\frac{4}{10}=0{,}4$; $\frac{3}{4}=\frac{75}{100}=0{,}75$; $\frac{3}{8}=\frac{375}{1\,000}=0{,}375$; $2\frac{1}{2}=2\frac{5}{10}=2{,}5$;

$3\frac{1}{8}=3\frac{125}{1\,000}=3{,}125$; $2\frac{3}{4}=2\frac{75}{100}=2{,}75$; $1\frac{1}{5}=1\frac{2}{10}=1{,}2$; $\frac{7}{2}=3\frac{1}{2}=3\frac{5}{10}=3{,}5$

b) $\frac{12}{40}=\frac{3}{10}=0{,}3$; $\frac{12}{30}=\frac{4}{10}=0{,}4$; $\frac{36}{60}=\frac{6}{10}=0{,}6$; $\frac{49}{70}=\frac{7}{10}=0{,}7$; $\frac{36}{400}=\frac{9}{100}=0{,}09$;

$\frac{60}{300}=\frac{20}{100}=0{,}2$; $\frac{8}{200}=\frac{4}{100}=0{,}04$

3. 0,75 l; 0,25 h; 0,5 kg; 4,5 km

4. a) $\frac{6}{10}=0{,}6=\frac{3}{5}$; $0{,}3=\frac{3}{10}$; $\frac{8}{10}=\frac{4}{5}=0{,}8$

b) $\frac{1}{5}=\frac{3}{15}=0{,}2=\frac{7}{35}=20\,\%$; $0{,}5=\frac{3}{6}$; $0{,}1=\frac{10}{100}$

5. –

6. a) richtig

c) richtig

b) falsch; $4\frac{1}{5}=4\frac{2}{10}=4{,}2$

d) falsch, $\frac{8}{5}=1\frac{3}{5}=1\frac{6}{10}=1{,}6$

7. a) $\frac{5}{8}=\frac{625}{1\,000}=0{,}625$; $\frac{13}{125}=\frac{104}{1\,000}=0{,}104$; $\frac{2}{3}$ gelingt nicht; $\frac{1}{6}$ gelingt nicht

$\frac{2}{3}$ und $\frac{1}{6}$ gelingen nicht, da 10, 100, 1000, … keine Vielfachen von 3 bzw. von 6 sind.

b) $\frac{3}{25}=\frac{12}{100}=0{,}12$; $\frac{1}{40}=\frac{25}{1\,000}=0{,}025$; $\frac{5}{6}$ gelingt nicht; $\frac{1}{9}$ gelingt nicht.

$\frac{5}{6}$ und $\frac{1}{9}$ gelingen nicht, da 10, 100, 1 000, … keine Vielfachen von 6 bzw. von 9 sind.

113

7. c) $\frac{3}{5} = \frac{6}{10} = 0,6$; $\frac{3}{15} = \frac{1}{5} = \frac{2}{10} = 0,2$; $\frac{5}{15} = \frac{1}{3}$ gelingt nicht; $\frac{8}{12} = \frac{2}{3}$ gelingt nicht.

$\frac{5}{15} = \frac{1}{3}$ und $\frac{8}{12} = \frac{2}{3}$ gelingen nicht, da 10, 100, 1 000, … keine Vielfachen von 3 sind.

d) $3\frac{2}{5} = 3\frac{4}{10} = 3,4$; $5\frac{5}{6}$ gelingt nicht; $1\frac{11}{20} = 1\frac{55}{100} = 1,55$; $7\frac{7}{8} = 7\frac{875}{1\,000} = 7,875$

$5\frac{5}{6}$ gelingt nicht, da 10, 100, 1 000, … keine Vielfachen von 6 sind.

8. –

3.2 Vergleichen und Ordnen von Dezimalbrüchen

114

Einstieg:
Goldmedaille: Rosannagh MacLennan (CAN) 57,305 P.
Silbermedaille: Huang Shanshan (CHN) 56,730 P.
Bronzemedaille: He Weuna (CHN) 55,950 P.
Platz 4: Karen Cockburn (CAN) 55,860 P.
Platz 5: Tatjana Piatrenia (BLR) 55,670 P.
Platz 6: Savannah Vinsant (USA) 54,965 P.
Platz 7: Luba Golowina (GEO) 52,925 P.
Platz 8: Wikbanija Woronina (RUS) 21,915 P.

115

2. a) A = 0,15; B = 0,3; C = 0,42; D = 0,57; E = 0,7; F = 0,99; G = 1,13
   b) Der kleinere Dezimalbruch liegt immer links vom größeren.

3. a) 1,63 > 1,36   b) 3,756 < 3,765   c) 0,7 < 0,75   d) 1,007 < 1,07
   0,645 < 0,654   0,457 < 0,547   0,66 > 0,6   7,55 > 7,545
   0,989 < 0,998   0,787 > 0,778   0,14 > 0,104   1,335 > 1,3305

4. a) 0,3 > 0,03   b) 1,1 = 1,10   c) 1,04 = 1,040   d) 0,25 > 0,205
   0,3 = 0,300   1,1 > 1,01   1,04 > 1,004   0,25 > 0,025
   0,3 < 0,33   1,1 < 1,11   1,04 < 1,4   0,25 = 0,2500

5. a) 0,35 > 0,278   b) 3,43 > 3,234   c) 0,4 > 0,04   d) 0,9 = 0,90

6. Stadt: Mars, Venus, Pluto
   90 $\frac{km}{h}$: Venus, Mars, Pluto
   120 $\frac{km}{h}$: Venus, Pluto, Mars

115

7. Weitsprung:
- 1. Platz: 4,05 m (Felix)
- 2. Platz: 3,95 m (Christian)
- 3. Platz: 3,68 m (Philipp)
- 4. Platz: 3,60 m (Florian)
- 5. Platz: 3,45 m (Tim)
- 6. Platz: 3,24 m (Andreas)
- 7. Platz: 2,98 m (Michael)

100-m-Lauf:
- 1. Platz: 15,0 s (Florian)
- 2. Platz: 15,1 s (Andreas)
- 3. Platz: 15,6 s (Philipp)
- 4. Platz: 15,7 s (Felix)
- 5. Platz: 15,9 s (Christian)
- 6. Platz: 16,4 s (Tim)
- 7. Platz: 17,1 s (Michael)

Hochsprung:
- 1. Platz: 1,51 m (Florian)
- 2. Platz: 1,45 m (Felix)
- 3. Platz: 1,43 m (Tim)
- 4. Platz: 1,20 m (Christian)
- 5. Platz: 1,15 m (Andreas)
- 6. Platz: 1,09 m (Philipp)
- 7. Platz: 0,97 m (Michael)

Da Florian 2-mal den ersten Platz und Felix 1-mal den ersten Platz belegt hat, könnte man Florian zum Gesamtsieger ernennen.

116

8. a) $\frac{3}{4} = 0,75$

c) $\frac{1}{10} = 0,1 > 0,09$

e) $0,95 > \frac{9}{10} = 0,9$

g) $\frac{1}{3} > 0,3 = \frac{3}{10}$

b) $0,59 < \frac{3}{5} = 0,6$

d) $3\frac{1}{2} = 3,5 > 3,45$

f) $2,6 = 2\frac{3}{5} < 2\frac{2}{3}$

h) $\frac{1}{6} > 0,16 = \frac{4}{25}$

9. a) Ein langer Strich entspricht 1. Ein Millimeterstrich entspricht 0,2.

$0,0 = \frac{0}{10} = 0$; $1,2 = \frac{12}{10} = \frac{6}{5} = 1\frac{1}{5}$; $5,0 = \frac{50}{10} = 5$; $6,6 = \frac{66}{10} = \frac{33}{5} = 6\frac{3}{5}$;

$9,8 = \frac{98}{10} = \frac{49}{5} = 9\frac{4}{5}$; $10,0 = \frac{100}{10} = 10$; $13,2 = \frac{132}{10} = \frac{66}{5} = 13\frac{1}{5}$

b) Ein langer Strich entspricht 0,1. Ein Millimeterstrich entspricht 0,02.

$0,24 = \frac{24}{100} = \frac{6}{25}$; $0,64 = \frac{64}{100} = \frac{16}{25}$; $0,92 = \frac{92}{100} = \frac{23}{25}$; $1,00 = \frac{100}{100} = 1$;

$1,24 = \frac{124}{100} = \frac{31}{25} = 1\frac{6}{25}$; $1,44 = \frac{144}{100} = \frac{36}{25} = 1\frac{11}{25}$

c) Ein langer Strich entspricht 0,01. Ein Millimeterstrich entspricht 0,002.

$0,004 = \frac{4}{1\,000} = \frac{1}{250}$; $0,026 = \frac{26}{1\,000} = \frac{13}{500}$; $0,042 = \frac{42}{1\,000} = \frac{21}{500}$; $0,050 = \frac{50}{1\,000} = \frac{1}{20}$;

$0,074 = \frac{74}{1\,000} = \frac{37}{500}$; $0,095 = \frac{94}{1\,000} = \frac{47}{500}$; $0,118 = \frac{118}{1\,000} = \frac{59}{500}$; $0,134 = \frac{134}{1\,000} = \frac{67}{500}$

d) Ein langer Strich entspricht 0,02. Ein Millimeterstrich entspricht 0,004.

$0,324 = \frac{325}{1\,000} = \frac{13}{40}$; $0,352 = \frac{352}{1\,000} = \frac{44}{125}$; $0,388 = \frac{388}{1\,000} = \frac{97}{250}$;

$0,408 = \frac{408}{1\,000} = \frac{51}{125}$; $0,492 = \frac{492}{1\,000} = \frac{123}{250}$

10. a)

b)

116

10. c) $\frac{3}{10} = 0,3;\ \frac{5}{10} = 0,5;\ \frac{35}{100} = 0,35;\ \frac{1}{10} = 0,1;\ \frac{53}{100} = 0,53;\ \frac{31}{100} = 0,31$

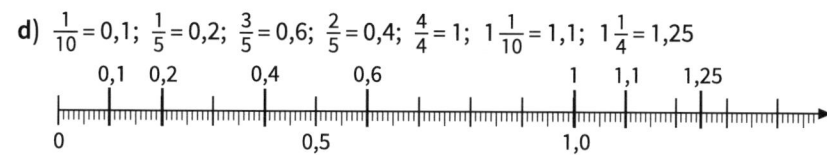

d) $\frac{1}{10} = 0,1;\ \frac{1}{5} = 0,2;\ \frac{3}{5} = 0,6;\ \frac{2}{5} = 0,4;\ \frac{4}{4} = 1;\ 1\frac{1}{10} = 1,1;\ 1\frac{1}{4} = 1,25$

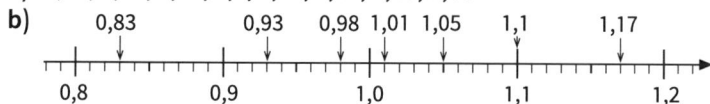

11. a) 0,75; 0,85; 0,88; 0,9; 0,99; 1,02; 1,09; 1,15

b)

0,83   0,93   0,98 1,01 1,05   1,1   1,17

0,8   0,9   1,0   1,1   1,2

Nach der Größe geordnet: 0,83; 0,93; 0,98; 1,01; 1,05; 1,1; 1,17

12. a) 5,1; 5,2; 5,3; 5,4; 5,5   5,5 liegt genau in der Mitte.
b) 1,61; 1,62; 1,63; 1,64; 1,65   1,65 liegt genau in der Mitte.
c) 3,811; 3,812; 3,813; 3,814; 3,815   3,815 liegt genau in der Mitte.
d) 0,091; 0,092; 0,094; 0,0941; 0,0973   0,095 liegt genau in der Mitte.

13. a) **(1)** 0,6 l
        (2) 0,85 l
        (3) 0,15 l

b) $\frac{1}{4}$ l $= 0,25$ l; $\frac{3}{4}$ l $= 0,75$ l; $\frac{3}{8}$ l $= 0,375$ l

                          ← 1 l
          0,8 l → ← 0,75 l

                          ← 0,375 l
         0,2 l → ← 0,25 l
           0 l →

14. 8,5 Volt

15. a) A (1 | 1), B (2,5 | 0,5), C (2,3 | 0), D (0 | 2,1), E (3,8 | 1,2), F (2,1 | 2,7), G (4,4 | 2,9), H (6,2 | 1,8), I (5,1 | 0)

116

15. b)

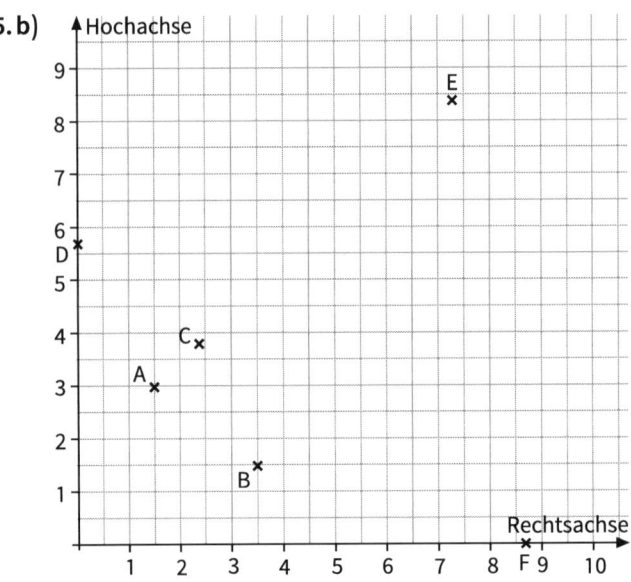

3.3 Runden von Dezimalbrüchen

117

Einstieg:
Man rundet zunächst auf volle Euro und wählt z. B. als Säulenlänge 1 mm für 1 €.

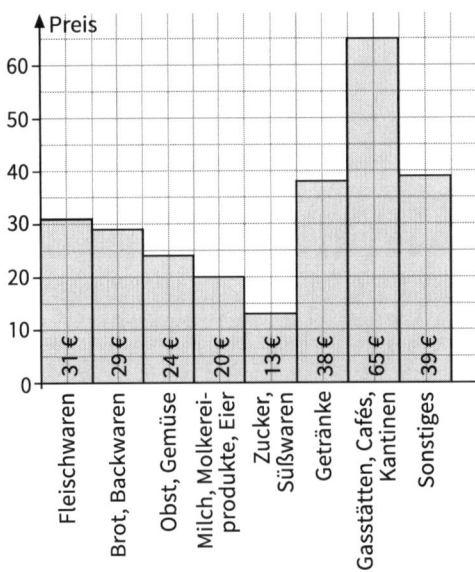

117

2. $2,4 = 2\frac{4}{10} = 2\frac{2}{5}$; $2,40 = 2\frac{40}{100} = 2\frac{4}{10} = 2\frac{2}{5}$

    a) (1) Kleinster Wert: 7,55 m   Größter Wert: 7,649999… m
       (2) Kleinster Wert: 7,595 m   Größter Wert: 7,6049999… m
    b) (1) Kleinster Wert: 3,85 km   Größter Wert: 3,949999… km
            Kleinster Wert: 3,895 km   Größter Wert: 3,9049999… km
            Kleinster Wert: 3,8995 km   Größter Wert: 3,90049999… km
       (2) Kleinster Wert: 5,05 kg   Größter Wert: 5,149999… kg
            Kleinster Wert: 5,095 kg   Größter Wert: 5,1049999… kg
            Kleinster Wert: 5,0095 kg   Größter Wert: 5,10049999… kg
       (3) Kleinster Wert: 2,65 m²   Größter Wert: 2,749999… m²
            Kleinster Wert: 2,695 m²   Größter Wert: 2,7049999… m²
            Kleinster Wert: 2,6995 m²   Größter Wert: 2,70049999… m²
       (4) Kleinster Wert: 1,25 l   Größter Wert: 1,349999… l
            Kleinster Wert: 1,295 l   Größter Wert: 1,3049999… l
            Kleinster Wert: 1,2995 l   Größter Wert: 1,30049999… l

118

3. 48 kg   [60 kg; 72 kg]

4. a) (1) 10,15   b) (1) 10,1   c) (1) 10   d) (1) 10,147
      (2) 12,85   (2) 12,8   (2) 13   (2) 12,848
      (3) 9,97   (3) 10,0   (3) 10   (3) 9,968
      (4) 2,44   (4) 2,4   (4) 2   (4) 2,435
      (5) 4,30   (5) 4,3   (5) 4   (5) 4,300
      (6) 0,78   (6) 0,8   (6) 1   (6) 0,778

5. a) 200   c) 1 (oder 0,9)   e) 0,01
    b) 8   d) 0,1   f) 0,09 oder 0,1

6. a) 4 €; 2 €; 19 €   c) 5 kg; 1 kg; 14 kg
    b) 6 m; 3 m; 10 m   d) 35 m²; 99 m²; 7 m²

7. a) 6,4506 km ≈ 6,451 km = 6 km 451 m   d) 14,533 € ≈ 14,53 € = 14 € 53 ct
    b) 2,4085 kg ≈ 2,409 kg = 2 kg 409 g   e) 17,09 cm ≈ 17,1 cm = 17 cm 1 mm
    c) 13,0609 t ≈ 13,061 t = 13 t 61 kg   f) 4,2531 g ≈ 4,253 g = 4 g 253 mg

8. a) Alle Zahlen von 13,5 bis 14,4999…   z. B. 13,6; 13,7; 13,8; 13,9; 14,1
    b) Alle Zahlen von 0,55 bis 0,64999…   z. B. 0,56; 0,57; 0,58; 0,59; 0,61
    c) Alle Zahlen von 7,125 bis 7,134999…   z. B. 7,126; 7,127; 7,128; 7,129; 7,131

9. Chicago: 7 104 000 ≈ 7 100 000 = 7,1 Mio.
    Hamburg: 1 580 000 ≈ 1 600 000 = 1,6 Mio.
    Kairo: 5 921 000 ≈ 5 900 000 = 5,9 Mio.
    London: 6 755 000 ≈ 6 800 000 = 6,8 Mio.

118

9. Fortsetzung

Moskau:	$8\,642\,000 \approx 8\,600\,000 = 8,6$ Mio.
New York:	$9\,120\,000 \approx 9\,100\,000 = 9,1$ Mio.
Paris:	$2\,166\,000 \approx 2\,200\,000 = 2,2$ Mio.
Peking:	$9\,450\,000 \approx 9\,500\,000 = 9,5$ Mio.
Rom:	$2\,831\,000 \approx 2\,800\,000 = 2,8$ Mio.
Sydney:	$3\,333\,000 \approx 3\,300\,000 = 3,3$ Mio.
Tokio:	$8\,323\,000 \approx 8\,300\,000 = 8,3$ Mio.
Wien:	$1\,516\,000 \approx 1\,500\,000 = 1,5$ Mio.

10. a) Mindestens 2,65 kg und weniger als 2,75 kg.
    Mindestens 2,695 kg und weniger als 2,705 kg.
    Mindestens 2,6995 kg und weniger als 2,7005 kg.

    b) Mindestens 0,35 m und weniger als 0,45 m.
    Mindestens 0,395 m und weniger als 0,405 m.
    Mindestens 0,3995 m und weniger als 0,4005 m.

    c) Mindestens 6,85 l und weniger als 6,95 l.
    Mindestens 6,895 l und weniger als 6,905 l.
    Mindestens 6,8995 l und weniger als 6,9005 l.

11. Auf volle km² gerundete Werte:

Borkum:	31 km²	Baltrum:	7 km²
Memmert:	5 km²	Langeoog:	20 km²
Juist:	16 km²	Spiekeroog:	18 km²
Norderney:	26 km²	Wangerooge:	8 km²

Säulendiagramm (1 mm für 1 km²)

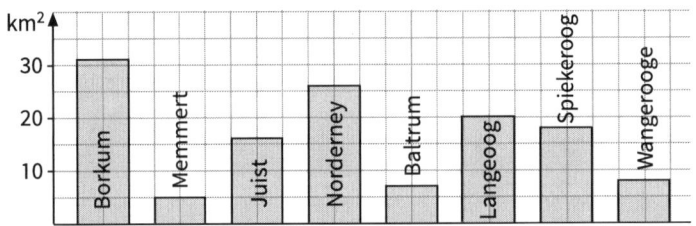

119

12.

G. Davies	USA, 1961	4,83 m
J. Pennel	USA, 1966	5,44 m
K. Isaksson	Schweden, 1972	5,59 m
T. Vignerson	Frankreich, 1984	5,94 m
S. Bubkas	Ukraine, 1994	6,14 m
R. Lavillenie	Frankreich, 2014	6,16 m

Auf volle dm gerundete Werte:

Davies:	4,8 m	Vignerson:	5,9 m
Pennel:	5,4 m	Bubka:	6,1 m
Isaksson:	5,6 m	Lavillenie	6,2 m

119

12. Säulendiagramm (1 mm für 1 dm):

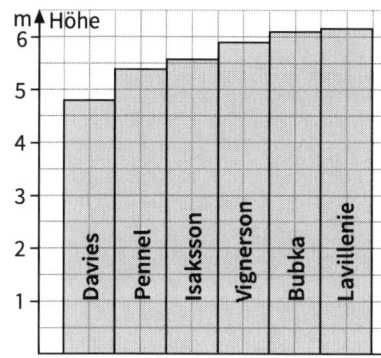

13. 0,87 mg < 1,17 mg < 1,23 mg < 1,68 mg < 2,51 mg < 4,52 mg < 6,65 mg

Auf 0,1 mg gerundete Werte:

Pflaume:	6,7 mg	Pampelmuse:	1,2 mg
Pfirsich:	0,9 mg	Birne:	4,5 mg
Orange:	1,7 mg	Apfel:	2,5 mg
Kirsche:	1,2 mg		

Säulendiagramm (1 mm für 0,1 mg):

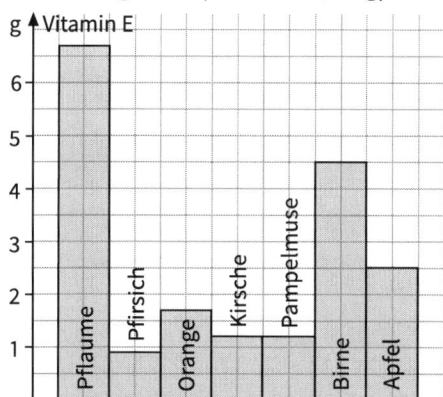

Das kann ich noch!

A) 1) Es liegt ein Würfelnetz vor (also auch ein Quadernetz).
2) Es liegt kein Quadernetz vor, da das Netz aus 7 Flächen besteht.
3) Es liegt ein Quadernetz vor.
4) Es liegt kein Quadernetz vor, da die linke und rechte Flächen nicht gleich groß sind.

119   13. B) 1)

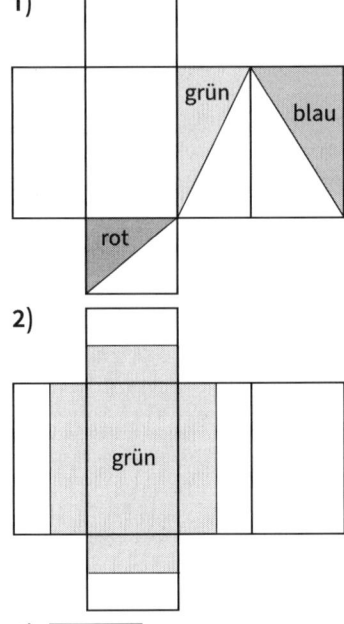

2)

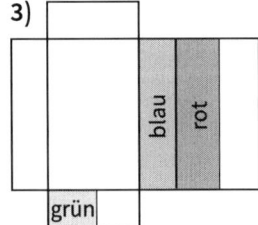

3)

Im Blickpunkt: Gangschaltung beim Fahrrad

120   1. A – a, A – b A – c, A – d, A – e, A – f, A – g,
B – a, B – b, B – c, B – d, B – e, B – f, B – g,
C – a, C – b, C – c, C – d, C – e, C – f, C – g
21 Kombinationen

121   2. a)

	a	b	c	d	e	f	g
A	2	$\frac{12}{7}$	$\frac{3}{2}$	$\frac{4}{3}$	$\frac{8}{7}$	1	$\frac{6}{7}$
B	3	$\frac{18}{7}$	$\frac{9}{4}$	2	$\frac{12}{7}$	$\frac{3}{2}$	$\frac{9}{7}$
C	4	$\frac{24}{7}$	3	$\frac{8}{3}$	$\frac{16}{7}$	2	$\frac{12}{7}$

b) Es bleiben 15 verschiedene Gänge übrig.

121

3. a) $\frac{6}{7}=\frac{72}{84}$; $1=\frac{84}{84}$; $\frac{8}{7}=\frac{96}{84}$; $\frac{9}{7}=\frac{108}{84}$; $\frac{4}{3}=\frac{112}{84}$; $\frac{3}{2}=\frac{126}{84}$; $\frac{12}{7}=\frac{144}{84}$; $2=\frac{168}{84}$; $\frac{9}{4}=\frac{189}{84}$;

$\frac{16}{7}=\frac{192}{84}$; $\frac{18}{7}=\frac{216}{84}$; $\frac{8}{3}=\frac{224}{84}$; $3=\frac{252}{84}$; $\frac{24}{7}=\frac{288}{84}$; $4=\frac{336}{84}$

b) Geringer Unterschied: $\frac{108}{84}$ und $\frac{112}{84}$, $\frac{189}{84}$ und $\frac{192}{84}$

Es bleiben 13 Gänge übrig.

4.

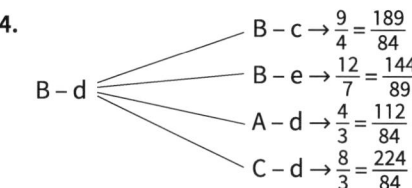

$$B-c \rightarrow \frac{9}{4}=\frac{189}{84}$$
$$B-e \rightarrow \frac{12}{7}=\frac{144}{89}$$
B – d
$$A-d \rightarrow \frac{4}{3}=\frac{112}{84}$$
$$C-d \rightarrow \frac{8}{3}=\frac{224}{84}$$

5. Gangabwicklung (Es wurden die „Gänge" aus Nr. 3 a) benutzt.)

1. Gang: 1 929 mm ≈ 1,93 m   9. Gang: 5 063 mm ≈ 5,06 m
2. Gang: 2 250 mm ≈ 2,25 m   10. Gang: 5 143 mm ≈ 5,14 m
3. Gang: 2 571 mm ≈ 2,57 m   11. Gang: 5 786 mm ≈ 5,79 m
4. Gang: 2 893 mm ≈ 2,89 m   12. Gang: 6 000 mm = 6,00 m
5. Gang: 3 000 mm = 3,00 m   13. Gang: 6 750 mm = 6,75 m
6. Gang: 3 375 mm ≈ 3,38 m   14. Gang: 7 714 mm ≈ 7,71 m
7. Gang: 3 857 mm ≈ 3,86 m   15. Gang: 9 000 mm = 9,00 m
8. Gang: 4 500 mm = 4,50 m

3.4 Addieren und Subtrahieren von Dezimalbrüchen

123

1. $0{,}2 + 0{,}9 + 0{,}3 = \frac{2}{10} + \frac{9}{10} + \frac{3}{10} = \frac{14}{10} = 1\frac{4}{10} = 1{,}4$

2. a) 1,8   **c)** 8,71   **e)** 1,9   **g)** 2,8
      3,3   0,81   3,4   4,49
b) 5,1   **d)** 0,89   **f)** 8,3   **h)** 0,73
      5,49   10,09   6,6   4,76

3. a) 53,70 €   **b)** 8,75 €

4. Die richtigen Ergebnisse lauten:
   a) 9,23   **b)** 3,4   **c)** 15,39   **d)** 2,34   **e)** 2,8   **f)** 8,18

5. a) 0,6; 0,7; 0,8; 0,9; 1,0; 1,1; 1,2
         1,75; 1,85; 1,95; 2,05; 2,15; 2,25; 2,35
   b) 0,95; 0,96; 0,97; 0,98; 0,99; 1,00; 1,01
         2,957; 2,967; 2,977; 2,987; 2,997; 3,007; 3,017
   c) 2,4; 2,3; 2,2; 2,1; 2,0; 1,9; 1,8
         5,24; 5,14; 5,04; 4,94; 4,84; 4,74; 4,64
   d) 1,05; 1,04; 1,03; 1,02; 1,01; 1,00, 0,09
         3,022; 3,012; 3,002; 2,992; 2,982; 2,972; 2,962

123

6. **a)** 12 + 4 + 2 = 18;   17,6671   **d)** 18 − 1 = 17;   16,598
     b) 16 − 10 = 6;   6,51   **e)** 157 + 46 + 29 = 232; 231,9331
     c) 37 + 60 + 8 = 105;   103,8914   **f)** 438 − 251 = 187;   187,2574

7. **a)** 37,277   **d)** 6,6933   **g)** 152,995   **j)** 43,972
     b) 15,649   **e)** 41,36   **h)** 1,16751   **k)** 16,415
     c) 99,721   **f)** 4,5571   **i)** 44,766   **l)** 55,437

124

8. **a)** 28,215   **c)** 8,005   **e)** 16,39   **g)** 0,37379
     b) 6,304   **d)** 2,8552   **f)** 116,907   **h)** 5,8859

9. **a)** 3,3333   **c)** 9,87654   **e)** 2,2222   **g)** 9,8765
     b) 1,2345   **d)** 65,6362   **f)** 1,2345   **h)** 61,6263

10. **a)** 339,171   **b)** 59,775   **c)** 59,335   **d)** 337,127

11. **a)** 174,22   **b)** 164,59   **c)** 57,447   **d)** 136,693   **e)** 26,594   **f)** 1,92075

12. 142,46 €

13. 2,71 t

14. **a)** Januar: 15,939 m³   Februar: 19,802 m³   März: 17,38 m³
      b) 53,121 m³

15. Z. B.: Wie viel wiegen alle Bücher und die CD zusammen?
Antwort: 1,829 kg
Z. B.: Liegt das Gesamtgewicht (inkl. Verpackung) unter 2 kg?
Antwort: 1,956 kg
Die Sendung ist also noch ein Päckchen.

16. **a)**

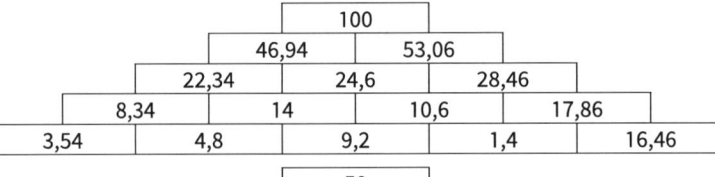

     b)

125

17. Im Feld rechts unten steht die Summe der drei Zahlen in der letzten Zeile und die Summe der drei Zahlen in der letzten Spalte. Beide Summen sind gleich groß.

a)

14,8	44,3	0,798	59,898
9,25	0,84	12,9	22,99
10,62	0,413	4,28	15,313
34,67	45,553	17,978	98,201

b)

24,15	0,196	0,461	24,807
9,8	42	15,07	66,87
1,965	0,3	0,97	3,235
35,915	42,496	16,501	94,912

18. a) 237,2 m **b)** 164,1 m **c)** 826,2 m **d)** 208,4 m

19. $32,95 - (22,4 + 3,2 + 4,85 + 0,11) = 2,39$
Es sind 2,39 ha Brachland.

20. a) $21,4 + 19,047 = 40,447$
b) $6,285 + 9,9005 = 16,1855$
c) $12,75 + 9,9005 = 22,6505$ $\qquad$ $14,089 + 9,9005 = 23,9895$
$12,75 + 14,089 = 26,839$ $\qquad$ $6,285 + 19,047 = 25,332$
$17,55 + 6,285 = 23,835$ $\qquad$ $6,285 + 21,4 = 27,685$
$17,55 + 9,9005 = 27,4505$ $\qquad$ $19,047 + 9,9005 = 28,9475$
$6,285 + 14,089 = 20,374$

21. $51,6 - 27,44 = 24,16$ $\qquad$ $100 - 5,806 = 94,194$ $\qquad$ $7,39 + 3,805 = 11,195$
$6,045 + 0,58 = 6,625$ $\qquad$ $33,05 + 13,96 = 47,01$ $\qquad$ $70,02 - 58,9 = 11,12$
$12,806 + 11,95 = 24,756$ $\qquad$ $50,9 - 31,25 = 19,65$ $\qquad$ $5,008 + 0,996 = 6,004$
$0,968 + 0,083 = 1,051$ $\qquad$ $1,68 + 34,09 = 35,77$ $\qquad$ $4,17 + 0,856 = 5,026$
$46,14 - 2,49 = 43,65$ $\qquad$ $78 - 59,66 = 18,34$ $\qquad$ $10 - 8,677 = 1,323$
$4,06 + 22,38 = 26,44$ $\qquad$ $5,38 - 4,611 = 0,769$ $\qquad$ $12,5 + 6,088 = 18,588$
$10,5 - 1,048 = 9,452$ $\qquad$ $180 - 31,05 = 148,95$ $\qquad$ $6,013 - 0,847 = 5,166$
$993,1 - 822,85 = 170,25$ $\qquad$ $12,4 + 41,68 = 54,08$
MATHE SOLL HEUTE AUSFALLEN

22. a)
$$\begin{array}{r} 15,78 \\ + 4,36 \\ \hline 20,14 \end{array}$$
b)
$$\begin{array}{r} 156,705 \\ + 48,095 \\ \hline 204,800 \end{array}$$
c)
$$\begin{array}{r} 98,04 \\ + 24,93 \\ \hline 122,97 \end{array}$$
d)
$$\begin{array}{r} 156,786 \\ + 216,405 \\ \hline 373,191 \end{array}$$
e)
$$\begin{array}{r} 0,7486 \\ + 0,8045 \\ \hline 1,5531 \end{array}$$

3.5 Multiplizieren und Dividieren von Dezimalbrüchen mit Stufenzahlen

126

Einstieg:

10 Münzen:	21,25 mm;	75 g
100 Münzen:	212,5 mm;	750 g
1 000 Münzen:	2125 mm;	7 500 g

127

2. a) 370   b) 0,03   c) 0,37   d) 0,7
    464,6   4 200   0,6363   0,7893
    20,9   0,05   0,2081   9,2
    63   0,2   0,6   0,001

3. a) Zehntel [Einer]   b) Tausendstel [Hundertstel]
    Einer [Zehner]   Zehntausendstel [Tausendstel]
    Zehner [Hunderter]   Hunderttausendstel [Zehntausendstel]
    Hunderter [Tausender]   Millionstel [Hunderttausendstel]

4. a) 0,024   b) 3,6   c) 71   d) 0,086   e) 0,00371   f) 0,00065

5. a) 0,06 mm   b) 5 mm

6. a) –
    b) Man kann z. B. die Dicke von 100 Blättern messen und dieses Maß durch 100 dividieren.

7. 1 mm in der Zeichnung entspricht 10 km in der Wirklichkeit.
    a) 18 mm = 1,8 cm
    b)

	Entfernung in der	
	Zeichnung	Wirklichkeit
Hannover-Dortmund	18 mm	180 km
Emden-München	63 mm	630 km
Berlin-Bielefeld	33 mm	330 km
Frankfurt-Kiel	46 mm	460 km
Bremen-Rostock	26 mm	260 km
Münster-Passau	54 mm	540 km
Mainz-Magdeburg	33 mm	330 km
Köln-Hamburg	36 mm	360 km

    c) Z. B.: Wie lang ist ein Flug von München über Düsseldorf nach Hamburg?
    Antwort: Auf der Karte 8,4 cm, also in Wirklichkeit 840 km.

3.6 Multiplizieren von Dezimalbrüchen

128

Einstieg:
a) $3 \cdot 1,98\,€ = 5,94\,€$ $1,125 \cdot 3,95\,€ = 4,44375\,€ \approx 4,44\,€$
    $1,2 \cdot 2,19\,€ = 2,628\,€ \approx 2,63\,€$
b) –
c) Siehe Regel auf Seite 129 des Schülerbandes.

129

2. a) (1) 0,09   (2) 0,09   (3) 0,09   (4) 0,09
    Der Wert des Produktes bleibt gleich, wenn man das Komma bei beiden
    Faktoren um gleich viele Stellen entgegengesetzt verschiebt.
   b) $0,12 \cdot 0,07 = 0,12 \cdot 10 : 10 \cdot 0,07 = 0,12 \cdot 10 \cdot 0,07 : 10 = 1,2 \cdot 0,007$
    Ein Faktor wird mit 10, 100, 1 000, … multipliziert und der andere Faktor
    durch diese Zahl dividiert. Der Wert des Produkts ändert sich nicht.
   c) (1) $243,2 \cdot 0,058$ (2) $9\,759,52 \cdot 0,0012$
      $= 2,432 \cdot 5,8$ $= 9,75952 \cdot 1,2$
      $\approx 2 \cdot 6 = 12$ $\approx 10 \cdot 1 = 10$
      Genauer Wert: 14,1056   Genauer Wert: 11,711424

3. $5 \cdot 0,80\,€ = 4,00\,€$; $1,5 \cdot 0,80\,€ = 1,20\,€$; $0,4 \cdot 0,80\,€ = 0,32\,€$

130

4. a) $5 \cdot 1,689\,€ = 8,445\,€ \approx 8,45\,€$
   b) $73,34 \cdot 1,509\,€ = 110,67006\,€ \approx 110,67\,€$

5. a) 15   b) 1,4   c) 39   d) 900   e) 30   f) 1 000
    180   200   4 800   7 500   2   4 100

6. a) 22,05   b) 52,65   c) 56,68   d) 14,924   e) 2 762,05   f) 1 855,602
    6,872   158,7   190,5   437,5   35,216   31 527,36

7. a) 833   b) 676   c) 638   d) 288   e) 450   f) 1 044
    83,3   6,76   6,38   28,8   4,5   10,44
    0,833   67,6   0,638   0,288   45   104,4

8. $25 \cdot 2,25\,g = 56,25\,g$

9. $1,313\,m \approx 1,31\,m$ [$1,482\,m \approx 1,48\,m$; $1,651\,m \approx 1,65\,m$; $1,82\,m$; $1,95\,m$]

10. Da Vorder- und Rückseite des Buches bedruckt sind, entsprechen 2 Buchseiten
    einem Blatt Papier.
   a) $112 \cdot 0,055\,mm + 2 \cdot 2\,mm = 10,16\,mm$
   b) $224 \cdot 0,055\,mm + 2 \cdot 2\,mm = 16,32\,mm$

11. a) $1,45\,km \cdot 2 \cdot 5 = 14,5\,km$ b) $571,3\,km$

131

12. $12,816\,kg + 0,8\,kg = 13,616\,kg$

13. $5 \cdot 1,8 = 1,5 \cdot 6 = 9$ $0,9 \cdot 15 = 6 \cdot 2,25 = 13,5$
$0,2 \cdot 30 = 0,15 \cdot 40 = 6$ $0,35 \cdot 4 = 0,2 \cdot 7 = 1,4$
$25 \cdot 0,5 = 3,125 \cdot 4 = 12,5$ $35 \cdot 0,06 = 3 \cdot 0,7 = 2,1$
$0,12 \cdot 4 = 3 \cdot 0,16 = 0,48$

14. a) $50 \cdot 3 = 150$; $143,22$ **c)** $12 \cdot 5 = 60$; $66,42$
     $70 \cdot 1 = 70$; $91,5$ $30 \cdot 4 = 120$; $129,744$
     $9 \cdot 15 = 135$; $143,22$ $9 \cdot 14 = 126$; $129,744$
   b) $12 \cdot 12 = 144$; $143,22$ **d)** $5 \cdot 3 = 15$; $14,8986$
     $30 \cdot 3 = 90$; $91,5$ $2 \cdot 8 = 16$; $14,8986$
     $35 \cdot 2 = 70$; $66,42$ $16 \cdot 1 = 16$; $14,8986$

15. a) $7,4 \cdot 0,1 = 0,74$ Das Komma wurde falsch gesetzt.
   b) $0,2 \cdot 0,4 = 0,08$ Das Komma wurde falsch gesetzt.
   c) $4,7 \cdot 10 = 47$ Das Komma wurde falsch gesetzt.
   d) $5,3 \cdot 7,2 = 38,16$ Es wurden $5 \cdot 7 = 35$ und 3 Zehntel $\cdot$ 2 Zehntel = 6 Zehntel
                         addiert.
                         Richtig ist aber 3 Zehntel $\cdot$ 2 Zehntel = 6 Huntertstel.

16. a) $0,57$ **b)** $0,21$ **c)** $0,91$ **d)** $0,056$
     $1,26$ $1,5$ $0,072$ $0,039$
     $1,62$ $1,05$ $0,12$ $0,042$
     $0,9$ $1,64$ $0,077$ $0,081$
     $0,54$ $0,63$ $0,126$ $0,56$

17. a) $4,05$; $40,5$; $0,0405$; $0,405$ **d)** $0,0486$; $0,486$; $0,000486$; $0,00486$
   b) $9,72$; $97,2$; $0,0972$; $0,972$ **e)** $32,4$; 324; $0,324$; $3,24$
   c) $1,944$; $19,44$; $0,01944$; $0,1944$ **f)** $0,675$; $6,75$; $0,00675$; $0,0675$

18. $0,15 \cdot 26,4 = 3,96$ $0,092 \cdot 26,4 = 2,4288$ $14,8 \cdot 26,4 = 390,72$
$0,15 \cdot 0,29 = 0,0435$ $0,092 \cdot 0,29 = 0,02668$ $14,8 \cdot 0,29 = 4,292$
$0,15 \cdot 0,015 = 0,00225$ $0,092 \cdot 0,015 = 0,00138$ $14,8 \cdot 0,015 = 0,222$

19. a) $8,932$ Überschlag: $30,8 \cdot 0,29 = 3,08 \cdot 2,9 \approx 3 \cdot 3 = 9$
     $3,822$ Überschlag: $5,46 \cdot 0,7 \approx 5 \cdot 0,7 = 0,35$
   b) $3,0487$ Überschlag: $0,43 \cdot 7,09 \approx 0,4 \cdot 7 = 2,8$
     $1,1492$ Überschlag: $0,13 \cdot 8,84 \approx 0,13 \cdot 9 = 1,17$
   c) $1,8867$ Überschlag: $9,93 \cdot 0,19 \approx 10 \cdot 0,19 = 1,9$
     $3,9909$ Überschlag: $0,502 \cdot 7,95 \approx 0,5 \cdot 8 = 4$
   d) $146,772$ Überschlag: $543,6 \cdot 0,27 = 54,36 \cdot 0,27 \approx 50 \cdot 3 = 150$
     $6,3492$ Überschlag: $8,58 \cdot 0,74 \approx 9 \cdot 0,7 = 6,3$
   e) $6,5772$ Überschlag: $18,9 \cdot 0,348 \approx 1,89 \cdot 3,48 \approx 2 \cdot 3 = 6$
     $4,6872$ Überschlag: $8,37 \cdot 0,56 \approx 8 \cdot 0,6 = 4,8$
   f) $16,473$ Überschlag: $86,7 \cdot 0,19 = 8,67 \cdot 1,9 \approx 9 \cdot 2 = 18$
     $27,2288$ Überschlag: $0,508 \cdot 53,6 = 5,08 \cdot 5,36 \approx 5 \cdot 5 = 25$

131   20. a) 10,92   b) 2,759   c) 47,736   d) 0,002304
             51,45   4,017   5,376   0,0072

132   21. a) 0,96   b) 25,2   c) 4,64
             2   12,2496   26,912
             7,78   34,08   85,376
             4,9   15,1296   87,464

22. a) Der Wert des Produktes verdoppelt sich.
    b) Der Wert des Produktes verdoppelt sich.
    c) Der Wert des Produktes vervierfacht sich.
    d) Der Wert des Produktes halbiert sich.
    e) Der Wert des Produktes viertelt sich.
    f) Der Wert des Produktes verhundertfacht sich.
    g) Der Wert des Produktes ändert sich nicht.

23. a) 2,25   c) 0,0529   e) 1,728   g) 0,216
    b) 79,21   d) 0,0036   f) 15,625

24. Vollmilch: 165 000 Tafeln   Halbbitter: 21 000 Tafeln
    Marzipan: 18 000 Tafeln   Nuss: 13 500 Tafeln

25. 32,9656 km ≈ 33 km

26. Z. B.: Wie viel zahlt man für eine Tankfüllung Benzin?
    Antwort: Ungefähr 72,21 €.
    Z. B.: Wie weit kommt ein Kleinwagen mit einer Tankfüllung Diesel?
    Antwort: 896,1 km, also ungefähr 900 km.
    Z. B.: Wie viel wiegt eine Kleinwagentankfüllung Benzin?
    Antwort: 30,45 kg

27. a) 3,087 € ≈ 3,09 € ≈ 3 €   d) 205,428 € ≈ 205,43 € ≈ 205 €
    b) 8,046 € ≈ 8,05 € ≈ 8 €   e) 5,49024 € ≈ 5,49 € ≈ 5,50 €
    c) 1,035 € ≈ 1,04 € ≈ 1 €   f) 60,09604 € ≈ 60,10 €

133   28. a) 66,195 kW ≈ 66 kW   b) 67,5 kW ≈ 68 kW   c) 1 PS = $\frac{3}{4}$ kW = 0,75 kW

29. 803,6 m²

30. 4,03 m²

31. a) 25,83 m² + 13,5 m² = 39,33 m²
    b) 27,4 m
    c) Bei der Länge und bei der Breite ist jeweils eine Längenangabe entbehr-
       lich, da man sie aus den anderen Angaben berechnen kann.

133

32. a) Wohnzimmer: 33,32 m²   Küche: 11,88 m²   Diele: 19,44 m²

    b) 33,32 · 35,50 € = 1182,86 € ≈ 1200 €
      11,88 · 22,90 € = 272,052 € ≈ 272,05 € ≈ 270 €
      19,44 · 26,49 € = 514,9656 € ≈ 514,97 € ≈ 515 €
      Gesamtkosten 1969,88 € ≈ 2000 €.

33. a) $V = 73,125$ cm³   **c)** $V = 3,8955$ m³
     $O = 113,5$ cm² $O = 126,63475$ m²
    b) $V = 47585,1$ m³   **d)** $V = 165,76$ cm³
     $O = 8437,42$ m² $O = 336,76$ cm²

134

34. Überschlag: 13 m · 7 m · 2 m = 144 m³ = 144 000 l
    12,50 m · 6,50 m · 1,80 m = 146,25 m³ = 146 250 dm³ = 146 250 l

35. a) $V = 22,572$ cm³; $O = 68,88$ cm²
    b) $V = 119,808$ cm³; $O = 200,76$ cm²
    c) Zeichnerisch ermittelt man: Die Dachschräge ist ungefähr 15,6 m lang.
      Die beiden Dachbodenteile kann man zu einem Quader mit den Seitenlängen 14,1 m, 44,3 m und 6,6 m zusammensetzen.
      $V = 19613,382$ cm³; $O = 4615,54$ cm²

36. a) 1,50 m · 3,20 m · 1,50 m = 7,2 m³; 7,2 · 650 kg = 4680 kg
      Die Lagerfüllung reicht nicht für ein ganzes Jahr.
    b) –

37. Grundfläche: 173,28 m²   Umbauter Raum: 528,504 m³

38. Ungefähre Maße des Buches: 20 cm; 26,5 cm; 1,5 cm
    Beispiele: Wenn man alle Bücher übereinander stapelt, müssen die Innenmaße des Kartons mindestens 20 cm, 26,5 cm und 45 cm betragen.
    Wenn man zwei Stapel nebeneinander verpackt, müssen die Innenmaße mindestens 40 cm, 26,5 cm und 22,5 cm betragen.

39. –

Das kann ich noch!
A) 1) 17 − (32 − 25) = 17 − 7 = 10
    2) 2 · (13 + 5) : 9 = 2 · 18 : 9 = 36 : 9 = 4
    3) (11 + 1) · (7 − 4) = 12 · 3 = 36
B) 1) 23 · (102 − 2) = 23 · 100 = 2300
    2) (10 + 990) · 55 = 1000 · 55 = 55 000
    3) (77 : 7) · 3 = 11 · 3 = 33
    4) (142 + 58) + 376 = 200 + 376 = 576
    5) (76 + 24) + 257 = 100 + 257 = 357
    6) 142 + (376 − 76) = 142 + 300 = 442

3.7 Dividieren von Dezimalbrüchen

3.7.1 Dividieren von Dezimalbrüchen durch natürliche Zahlen

135 Einstig:
$1,4\,cm:8 = 14\,mm:8 = 1,75\,mm$

136

2. a) 0,7   b) 0,8   c) 2,4   d) 0,16   e) 1,2   f) 0,22
   0,8   1,8   3,25   0,04   1,2   0,17

3. a) $2,4:6 = 0,4$ $7,2:6 = 1,2$ $5,4:9 = 0,6$
     $2,4:3 = 0,8$ $7,2:9 = 0,8$ $5,4:3 = 1,8$
  b) $5,6:7 = 0,8$ $0,28:7 = 0,04$ $0,84:4 = 0,21$
     $5,6:2 = 2,8$ $0,28:4 = 0,07$ $0,84:2 = 0,42$
  c) $7,6:4 = 1,9$ $18:5 = 3,6$ $12:8 = 1,5$
     $7,6:5 = 1,52$ $18:8 = 2,25$ $12:4 = 3$
  d) $0,045:2 = 0,0225$ $0,3:3 = 0,1$ $0,7:5 = 0,14$
     $0,045:3 = 0,015$ $0,3:5 = 0,06$ $0,7:2 = 0,35$

4. a) 1,687   b) 0,653   c) 20,59   d) 0,238   e) 4,28   f) 0,0283
   3,76   0,203   1,17   0,863   2,97   0,0591
   2,56   0,0659   8,01   1,004   7,25   0,0037

5. a) 3,024   b) 3,72   c) 0,2859375
   0,76   3,725   1,35625
  d) 0,0175   e) 0,935   f) 0,06875
   0,087   0,418   0,056

6.

3,7	M	0,845	T	0,85	T
2,8	A	0,903	D	0,127	E
1,36	T	0,54	A	1,305	F
2,95	H	0,027	S	3,24	A
4,2	E	0,38	B	0,177	C
2,3	I	0,17	E	0,076	H
0,1752	S	0,975	S		

also: Mathe ist das beste Fach.

137

7. $13,6:4 = 3,4$ $0,38:4 = 0,095$ $2,49:4 = 0,6225$
  $13,6:20 = 0,68$ $0,38:20 = 0,019$ $2,49:20 = 0,1245$
  $13,6:5 = 2,72$ $0,38:5 = 0,076$ $2,49:5 = 0,498$

8. a) 0,6   b) 0,217   c) 2,63
   0,13   0,6   1,714
   3,17   19,36   3,36

9. a) 0,06 mm   b) 1,032 g

137

10. Man geht bei Fahrstühlen davon aus, dass eine Person 75 kg wiegt.

11. Möglichen Ergebnisse
  a) 1 Stück Torte kostet 0,96 €.
  b) Jeder Schüler erhält 2,96 € zurück.
  c) Ein Schreibblock kostet 1,42 €.
  d) Jede DVD kostet etwa 1,83 €.
  e) Ein „Blockfahrschein" ist etwa um 0,30 € günstiger.

12. Eine Schraube wiegt 18,1 g.

13.

a)	b)	c)	d)
4,5	0,024	1,257	56,3
0,45	2,4	0,1257	0,0563
0,0045	0,0024	12,57	5,63
0,045	0,24	125,7	0,563
45	240	1257	0,000563

14. a) verdoppelt sich   d) halbiert sich   g) ist nur noch $\frac{1}{4}$ so groß
  b) halbiert sich   e) verdoppelt sich   h) vervierfacht sich
  c) unverändert   f) unverändert

3.7.2 Dividieren von Dezimalbrüchen durch Dezimalbrüche

138

Einstieg: 300 g : 2,4 g = 125
Es sind ungefähr 125 Gummibärchen in der Tüte, wenn man davon ausgeht, dass alle Gummibärchen gleich viel wiegen und die Angabe 2,4 g nicht zu stark gerundet ist.

139

2. 21 l : 1,5 l = 14   Man benötigt 14 Flaschen.
  21 l : 0,7 l = 30   Man benötigt 30 Flaschen.
  Im zweiten Beispiel ist das Ergebnis größer als 21.

140

3. a) (1) 6 cm   (2) 1 cm   (3) 0,9 cm
  b) Man darf nicht durch 0 dividieren.
  c) Eine gegebene Zahl kann man durch jeden Dezimalbruch ungleich null dividieren.

4.

a)	b)	c)	d)	e)	f)
4	5	2	5	50	125
8	8	1 000	5	8	300

5. a) 7 : 0,01 = 700   Es wurde multipliziert.
  b) 12,15 : 3 = 4,05   Die Zahlen vor und nach dem Komma wurden einzeln dividiert oder die Null wurde vergessen.
  c) 0,096 : 12 = 0,008   Das Komma wurde falsch gesetzt.
  d) 0,24 : 0,8 = 0,3   Das Komma wurde falsch gesetzt.

140

6. a) 2,4 : 0,2 = 12   5,6 : 0,2 = 28   0,8 : 0,2 = 4
2,4 : 0,8 = 3   5,6 : 0,8 = 7   0,8 : 0,8 = 1
2,4 : 0,4 = 6   5,6 : 0,4 = 14   0,8 : 0,4 = 2
b) 1 : 0,1 = 10   3 : 0,1 = 30   4 : 0,1 = 40
1 : 0,5 = 2   3 : 0,5 = 6   4 : 0,5 = 8
1 : 0,2 = 5   3 : 0,2 = 15   4 : 0,2 = 20
c) 0,2 : 0,002 = 100   2 : 0,002 = 1 000   3 : 0,002 = 1 500
0,2 : 0,02 = 10   2 : 0,02 = 100   3 : 0,02 = 150
0,2 : 0,2 = 1   2 : 0,2 = 10   3 : 0,2 = 15
d) 18 : 0,6 = 30   3 : 0,6 = 5   4,8 : 0,6 = 8
18 : 0,5 = 36   3 : 0,5 = 6   4,8 : 0,5 = 9,6
18 : 0,3 = 60   3 : 0,3 = 10   4,8 : 0,3 = 16

7. a) 5,5 / 55 / 55 / 0,055 / 5,5   **b)** 2,5 / 25 / 0,025 / 2,5 / 250   **c)** 0,24 / 24 / 2,4 / 0,024 / 240   **d)** 300 / 30 / 300 / 30 / 300   **e)** 75 / 7,5 / 0,75 / 0,75 / 7,5

8. a) 154 — Überschlag: 132,2 : 0,8 = 1 322 : 8 ≈ 1 200 : 8 = 150
25,5 — Überschlag: 22,95 : 0,9 = 229,5 : 9 ≈ 225 : 9 = 25
b) 4,36 — Überschlag: 3,052 : 0,7 = 30,52 : 7 ≈ 28 : 7 = 4
1,971 — Überschlag: 0,7884 : 0,4 = 7,884 : 4 ≈ 8 : 4 = 2
c) 4 066 — Überschlag: 243,96 : 0,06 = 24 396 : 6 ≈ 24 000 : 6 = 4 000
45,2 — Überschlag: 4,068 : 0,09 = 406,8 : 9 ≈ 396 : 9 = 45
d) 33,7 — Überschlag: 1,685 : 0,05 = 168,5 : 5 = 170 : 5 = 34
399 — Überschlag: 27,93 : 0,07 = 2 793 : 7 ≈ 2 800 : 7 = 400
e) 704,4 — Überschlag: 2,1132 : 0,003 = 2 113,2 : 3 ≈ 2 100 : 3 = 700
6,24 — Überschlag: 0,02496 : 0,004 = 24,96 : 4 ≈ 24 : 4 = 6

9. a) 6,8 / 4,3   **b)** 13 / 19   **c)** 17 / 24   **d)** 540 / 0,85   **e)** 147 / 162,5

141

10. a) 2,4 / 0,3   **b)** 3,5 / 2,75   **c)** 140 / 12,8   **d)** 1 460 / 4,5   **e)** 12,4 / 5,25

11. 381 : 2,5 = 152,4   0,411 : 2,5 = 0,1644   5,43 : 2,5 = 2,172
381 : 0,6 = 635   0,411 : 0,6 = 0,685   5,43 : 0,6 = 9,05
381 : 0,24 = 1 587,5   0,411 : 0,24 = 1,7125   5,43 : 0,24 = 22,625

12. a) 2,73 €   **b)** 1,40 €   **c)** 8,52 €

13. a) 28,6 / 12,3   **b)** 1,53 / 4,99   **c)** 9,92 / 180,4   **d)** 120,38 / 24,143   **e)** 2,153 / 2,03   **f)** 10,03 / 25,5

141

14. a) $4{,}368 : 2{,}8 = 1{,}56$ **c)** $33{,}9 : \square = 13{,}56;\ \square = 2{,}5$
   b) $\square : 3{,}25 = 1{,}09;\ \square = 3{,}5425$

15. a) $4{,}3375$ **b)** $3{,}05$ **c)** $2{,}56$ **d)** $6{,}75$ **e)** $2{,}48$ **f)** $3{,}875$

16. Eine Tafel Schokolade zu 100 g hat 24 Stücke.
2,371 g Kohlenhydrate; 1,346 g Fett; 0,321 g Eiweiß; 90,833 kJ Energie

17. 10 000 Flüge

18. 5 000 Schritte

19. 2 000 Flaschen

20. 40 Palisaden

21. 14 Hefte

142

22. 80 Güterwagen

23. Die ersten beiden Preisauszeichnungen sind richtig gerundet worden.
Beim Benzin erhöht man: $1{,}649\ €/l \cdot 38{,}43\ l = 63{,}37107\ € \approx 63{,}37\ €$

24. 34,5 m tief

25. 12,5 m

Das kann ich noch!
A) 1) Punkt S   **B)** Punkte E, P und R
   2) Punkt U   Lösungswort: SUPER

Auf den Punkt gebracht: Modellieren mithilfe von Termen, Figuren und Diagrammen

143

1. a) (1) *Frage:* Wie groß war Jana zu ihrem 18. Geburtstag?
         Rechnung: $1{,}55\ m + 0{,}30\ m = 1{,}85\ m$
         Antwort: Jana war zu ihrem 18. Geburtstag 1,85 m groß.
    (2) *Frage:* Wie viel wiegt die Legierung?
         Rechnung: $1{,}55\ t + 0{,}3\ t = 1{,}85\ t$
         Antwort: Die Legierung wiegt 1,85 t.
  b) (1) *Frage:* Wie lang ist der Rest?
         Rechnung: $12{,}49\ m - 3{,}75\ m = 8{,}74\ m$
         Antwort: Der Rest ist 8,74 m lang.

143

1. b) (2) *Frage:* Wie viel muss Sarahs kleine Schwester noch sparen?
      Rechnung: 12,49 € – 3,75 € = 8,74 €
      Antwort: Sie muss noch 8,74 € sparen.
   c) (1) *Frage:* Wie viel kosten vier Riegel?
      Rechnung: 4 · 0,60 € = 2,40 €
      Antwort: Die Riegel kosten 2,40 €.
      (2) *Frage:* Wie breit muss die Gardine sein?
      Rechnung: 2,5 · 0,60 m = 1,5 m
      Antwort: Die Gardine muss 1,50 m breit sein.
   d) (1) *Frage:* Wie viel Euro erhält jedes Kind?
      Rechnung: 56 € : 4 = 14 €
      Antwort: Jedes Kind erhält 14 €.
      (2) *Frage:* Wie viele Tüten erhält man?
      Rechnung: 56 g : 4 g = 14
      Antwort: Man erhält 14 Tüten.

2. **Addieren:** Aufgabe 1 a)
   Zusammenfassen von Teilen: Teilaufgabe (2)
   Hinzufügen von Teilen: Teilaufgabe (1)
   Subtrahieren: Aufgabe 1 b)
   Wegnehmen eines Teils von einem Ganzen: Teilaufgabe (1)
   Ergänzen eines Teils zu einem Ganzen: Teilaufgabe (2)
   Multiplizieren: Aufgabe 1 c)
   Vervielfachen eines Teils: Teilaufgaben (1) und (2)
   Dividieren: Aufgabe 1 d)
   Aufteilen eines Ganzen in Teile: Teilaufgabe (2)
   Gerechtes Verteilen eines Ganzen: Teilaufgabe (1)

144

3. a) (1) 2,5 kg · 1,5 = 3,75 kg, also 3,75 kg Früchte.
      (2) 3,2 kg : 0,25 kg = 12,8, also 13 Gläser, wobei das letzte Glas nur zu $\frac{4}{5}$
          gefüllt ist.
   b) (1) 1,5 · 4 = 6; 6 ist das 1,5-Fache bzw. das Eineinhalbfache von 4.
      (2) Bei natürlichen Zahlen ist der Wert des Produkts nie kleiner als die bei-
          den Faktoren, bei Dezimalbrüchen kann der Wert des Produkts kleiner
          als einer der Faktoren oder sogar kleiner als beide Faktoren sein.
          Beispiele: 0,5 · 4 = 2 oder 0,5 · 0,2 = 0,1
   c) *Beispiel:* Wie viele 0,25-l-Gläser kann man aus einer 1,5-l-Flasche erhalten?
      1,5 l : 0,25 l = 6
      Man erhält 6 Gläser.
      Das Ganze, die 1,5-l-Flasche, wurde in 6 gleiche Teile, die 0,25-l-Gläser,
      verteilt.
   d) Siehe Beispiel zur Lösung von Teilaufgabe c).

144

4. a) *Frage:* Wie viel m² ist der Läufer groß?
Rechnung: $2,5\,m \cdot 0,60\,m = (2,5 \cdot 0,60)\,m^2 = 1,5\,m^2$
Antwort: Der Läufer ist $1,5\,m^2$ groß.

b) Zum Beispiel durch den Flächeninhalt eines Rechtecks mit den Seitenlängen 0,6 dm und 2,5 dm.

5. a) *1. Rechengeschichte:* Marie kauft Getränke für 1,75 € und Käse für 5,82 €.
Wie viel muss sie insgesamt bezahlen?
Rechnung: $1,75 + 5,82 = 7,57$
Antwort: Marie muss 7,57 € bezahlen.
2. Rechengeschichte: Von einem Denkmal ist der Sockel 1,75 m hoch. Die Figur auf dem Sockel ist 5,82 m hoch.
Wie hoch ist das Denkmal (Sockel und Figur zusammen)?
Rechnung: $1,75 + 5,82 = 7,57$
Antwort: Das Denkmal ist 7,57 m hoch.

b) *1. Rechengeschichte:* Zwei große Pakete wiegen zusammen 25,19 kg. Das eine Paket wiegt 19,64 kg. Wie viel wiegt das andere Paket?
Rechnung: $25,19 - 16,94 = 8,25$
Antwort: Das andere Paket wiegt 8,25 kg.
2. Rechengeschichte: Jonas hat noch 25,19 € im Portmonee. Er bezahlt an der Kasse 16,94 €. Wie viel hat er nun noch in seinem Portmonee?
Rechnung: $25,19 - 16,94 = 8,25$
Antwort: Er hat nun noch 8,25 € im Portmonee.

c) *1. Rechengeschichte:* Eine Etage eines Hochhauses ist 2,9 m hoch.
Wie hoch sind drei Etagen?
Rechnung: $2,9 \cdot 3 = 8,7$
Antwort: Drei Etagen sind 8,7 m hoch.
2. Rechengeschichte: Eine große Flasche fasst 2,9 l Wasser.
Wie viel Wasser fassen drei dieser Flaschen?
Rechnung: $2,9 \cdot 3 = 8,7$
Antwort: Drei Flaschen fassen 8,7 l Wasser.

d) *1. Rechengeschichte:* Ein Pfahl wiegt 6,4 kg. Herr Baier benötigt 34 Pfähle.
Wie viel wiegen sie?
Rechnung: $34 \cdot 6,4 = 217,6$
Antwort: 34 Pfähle wiegen 217,4 kg.
2. Rechengeschichte: Ein Buchhändler erhält 34 Arbeitshefte. Ein Arbeitsheft kostet 6,40 €. Wie viel kosten die Arbeitsheft?
Rechnung: $34 \cdot 6,4 = 217,6$
Antwort: 34 Arbeitshefte kosten 217,60 €.

144

e) *1. Rechengeschichte:* Ein Terrasse ist 4,5 m lang und 2,3 m breit. Wie viel m²
sind das?
Rechnung: 4,5 · 2,3 = 10,35
Antwort: Die Terrasse ist 10,35 m² groß.
2. Rechengeschichte: 1 kg Spargel kostet 4,50 €. Wie viel kosten 2,3 kg
Spargel?
Rechnung: 4,5 · 2,3 = 10,35
Antwort: 2,3 kg Spargel kosten 10,35 €.

f) *1. Rechengeschichte:* 9 Schrauben wiegen 7,29 g. Wie viel wiegt eine
Schraube?
Rechnung: 7,29 : 9 = 0,81
Antwort: Eine Schraube wiegt 0,81 g.
2. Rechengeschichte: 7,29 € wird gleichmäßig auf 9 Kinder verteilt.
Wie viel Euro erhält jedes Kind?
Rechnung: 7,29 : 9 = 0,81
Antwort: Jedes Kind erhält 0,81 €.

g) *1. Rechengeschichte:* Ein 1,2 cm breites Rechteck ist 4,8 cm² groß.
Wie lang ist das Rechteck?
Rechnung: 4,8 : 1,2 = 4
Antwort: Das Rechteck ist 4 cm lang.
2. Rechengeschichte: 4,8 l Mineralwasser werden in 1,2-l-Krüge abgefüllt.
Wie viele Krüge werden voll?
Rechnung: 4,8 : 1,2 = 4
Antwort: Es können 4 Krüge gefüllt werden.

h) *1. Rechengeschichte:* Paula hat noch 3,60 € Taschengeld. Das sind $\frac{3}{5}$ ihres
monatlichen Taschengeldes. Wie viel Taschengeld erhält Paula monatlich?
Rechnung: $3,6 : \frac{3}{5} = 6$
Antwort: Paula erhält monatlich 6 € Taschengeld.
2. Rechengeschichte: Ein Balken ist 3,60 m lang. Er wird in $\frac{3}{5}$ m lange Stücke
zersägt. Wie viele Stücke erhält man?
Rechnung: $3,6 : \frac{3}{5} = 6$
Antwort: Man erhält 6 Stücke.

3.8 Vermischte Übungen zu allen Rechenarten

145

1. –

2.
a)	b)	c)	d)	e)
10,6	2,6	0,3	5,65	12
350	0,18	0,0116	2 500	0,168
0,0015	0,00203	1 900	4,27	2,5
0,17	5,7	0,07	0,0108	400

3.
a)	b)	c)	d)
28,523	14,746	0,7405	7,833
1 313,724	77,862	30,703	39,825

145

4. a) 421,2   **b)** 114,7644   **c)** 7,1262   **d)** 7,84   **e)** 65,4
     705,96   8,52295   52,5   0,235   560

5. a) 91,215   **c)** 13,911   **e)** 7,585
   b) 281,0228   **d)** 37,078   **f)** 101,024

6. a) 0,72   **c)** 0,45   **e)** 0,891   **g)** 0,091
   b) 0,387   **d)** 0,005   **f)** 0,18   **h)** 111,06

7. a) Die gedachte Zahl heißt 21,85.   **c)** Die gedachte Zahl heißt 15,93.
   b) Die gedachte Zahl heißt 46,1.

8. Z. B.: Wie viel cm^3 Sand dürfen höchstens befördert werden?
Antwort: 1 470 588,235 $cm^3 \approx 1470{,}6\,dm^3 \approx 1{,}47\,m^3$
Z. B.: Wie viel cm^3 Basaltsteine dürfen höchstens befördert werden?
Antwort: 862 068,966 $cm^3 \approx 862{,}1\,dm^3 \approx 0{,}86\,m^3$
Z. B.: Wie viel cm^3 Eisen darf höchstens befördert werden?
Antwort: 320 512,821 $cm^3 \approx 320{,}5\,dm^3 \approx 0{,}32\,m^3$

146

9. a) Gut 2 cm.   **b)** –   **c)** –   **d)** –

10. a) 5 t – 4,94 t = 0,06 t   0,06 t dürfen noch zugeladen werden.
    b) 1,25 t pro Rad bei voller Beladung, 1,235 t bei der Beladung im Bild.

11. 19 Erwachsene und 39 Kinder
19 · 2 + 39 = 38 + 39 = 77
592,90 € : 77 = 7,70 € pro halbe Person, also 15,40 € für einen Erwachsenen und
7,70 € für ein Kind.
Probe: 19 · 15,40 € + 39 · 7,70 € = 592,90 €
Das Ehepaar Leygraf zahlt für sich und die drei Kinder
2 · 15,40 € + 3 · 7,70 € = 53,90 €.

147

12. a) (1) 1. Zahl 8,75;   2. Zahl   0,23
     (2) 1. Zahl 8,52;   2. Zahl   7,30; 8,52 + 7,30 = 15,82
        [1. Zahl 0,37;   2. Zahl   2,58: 0,37 + 2,58 = 2,95]
     (3) 1. Zahl 8,75;   2. Zahl   0,23; 8,75 – 0,23 = 8,52
        [1. Zahl 8,20;   2. Zahl   7,53; 8,20 – 7,53 = 0,67]
   b) –

13. V = (16,80 · 6,30 m + 9,10 m · 7,20 m) · 0,25 m = 42,84 m^3
1 m^3 Schnee wiegt 67,5 kg.
42,84 · 67,5 kg = 2 891,7 kg $\approx$ 2,9 t
Der Schnee wiegt fast 2,9 t.

147

14. a) $V = (525\,cm \cdot 45\,cm \cdot 15\,cm \cdot 30\,cm + 15\,cm \cdot 15\,cm) \cdot 325\,cm$
   $= 7\,897\,500\,cm^3 \approx 7,9\,m^3$
   Es müssen fast 8 m³ Wasser eingefüllt werden.

b) $O = 555\,cm \cdot 325\,cm + 2 \cdot 325\,cm \cdot 45\,cm + 2 \cdot 525\,cm \cdot 45\,cm + 2 \cdot 15\,cm \cdot 30\,cm$
   $+ 2 \cdot 15\,cm \cdot 15\,cm$
   $= 258\,225\,cm^2$
   $= 25,8225\,m^2$
   $25,8225 \cdot 22,90\,€ = 591,34\,€$
   Die Fliesen kosten fast 600 €.

15.

	Eiweiß	Fette	Kohlenhydrate
150-g-Becher Müsli-Joghurt	5,85 g	1,1 g	31,5 g
2 Scheiben Knäckebrot	1,8 g	0,4 g	12,0 g
1 Glas Mehrfruchtsaft	1,3 g	0,25 g	27,0 g
2 Portionen Frischkäse	4,6 g	6,2 g	3,0 g
zusammen	13,55 g	8,5 g	73,5 g

$\frac{1}{4}$ von 65 g Eiweiß sind 16,25 g Eiweiß.

$\frac{1}{4}$ von 85 g Fette sind 21,25 g Fette.

$\frac{1}{4}$ von 320 g Kohlenhydrate sind 80 g.

Daniel hat sich zum Frühstück nicht gesund ernährt. Er hat zu wenig Eiweiß, zu wenig Fette und zu wenig Kohenhydrate zu sich genommen.

Im Blickpunkt: Planen einer Klassenfahrt

148

1. a) Pro Person:
4 Übernachtungen mit Frühstück:	76,00 €
Viermal Halbpension:	94,00 €
Viermal Vollpension:	104,40 €

b) 14 Schülerinnen: Ein 6-Bettzimmer und zwei 4-Bettzimmer.
   15 Schüler: Zwei 6-Bettzimmer und ein 4-Bettzimmer; ein Bett bleibt frei.

2. Hin- und Rückfahrt mit der Bahn: 411,80 €
   Busfahrt Bahnhof Koll-Jugendherberge: $29 \cdot 1,60\,€ = 46,40\,€$
   Zusammen also 458,20 € (ohne Begleitperson).
   Das preisgünstigste Angebot des Busunternehmens ist mit 480 € um 21,80 € teurer, aber dann muss man berücksichtigen, dass die Begleitpersonen nicht extra bezahlen müssen.

149

3. a) 1 cm auf der Karte sind 2 km in der Wirklichkeit. Auf der Karte ist die Entfernung mindestens 12 cm, also mindestens 24 km lang. Mithilfe eines Routenplaners erhält man von der Jugendherberge bis Monschau eine Entfernung von 25 km.
Kosten für den Bus:
160,00 € + 50 · 1,20 € = 220,00 €.

b) Eintrittsgeld: 31 · 3,00 € = 93,00 €
Eiscafé: 31 · 2,40 € = 74,40 €
Dazu kommt die Busfahrt mit 220,00 €.
Man muss dann noch berücksichtigen, dass man vor dem Mittagessen abfährt, also statt des Mittagessens das Lunchpaket mitnimmt. Für den Mittwoch wählt man also statt Vollpension nur Halbpension und zusätzlich das Lunchpaket.
Durch die Halbpension spart man für einen Tag 2,60 € pro Person; das Lunchpaket kostet 5,10 € pro Person. Das sind also 2,50 € pro Person mehr, also insgesamt 31 · 2,50 € = 77,50 € mehr.

4. a) 1 cm auf der Karte sind 500 m in der Wirklichkeit. Insgesamt ist der Weg mindestens 7 cm lang, also etwa 3 500 m bis 4 000 m. Hin- und Rückweg betragen also 7 km bis 8 km.

b) Zwischen $7\,\text{km} : 3\,\frac{\text{km}}{\text{h}} = 2\frac{1}{3}\,\text{h} = 2\,\text{h}\,20\,\text{min}$ und $8\,\text{km} : 3\,\frac{\text{h}}{\text{km}} = 2\frac{2}{3}\,\text{h} = 2\,\text{h}\,40\,\text{min}$

c) Zwischen 13:20 Uhr und 13:40 Uhr. Sicherheitshalber um 13:20 Uhr bzw. noch früher.

5. Eintritt im Wildgehege für 31 Personen: 124,00 €
Eintritt im Wildgehege für 29 Personen: 116,00 €

Bezeichnung	Kosten für 2 Erwachsene und 29 Kinder	Kosten für 29 Kinder (ggf. umgerechnet von 31 auf 29 Personen)
Vollpension (dreimal)	2 427,30 €	2 270,70 €
Halbpension (einmal)	728,50 €	681, 50 €
Lunchpaket (einmal)	158,10 €	147,90 €
Busfahrt zur Jugendherberge und zurück	480 €	449.03 €
Busfahrt nach Monschau und zurück	220,00 €	205,81 €
Besucherbergwerk	93,00 €	87,00 €
Eiscafé	74,40 €	69,60 €
Wildfreigehege	124,00 €	116,00 €
Gesamtkosten		**4027,54 €**

Die Gesamtkosten von 4027,54 € ergeben 138,88 € pro Schüler. Die Klassenlehrerin wird also von jedem Schüler wohl zunächst 140 € einsammeln.

3.9 Abbrechende und periodische Dezimalbrüche

3.9.1 Umformen von Brüchen in Dezimalbrüche

150 Einstieg: Die drei Jungen haben mehr Cola. $1\,l:3 = 0,\overline{3}\,l$ $0,\overline{3} > 0,33$

152 2. a) $0,2\overline{3}$ (periodisch)   e) $0,32$ (abbrechend)
 $\quad\quad$ $0,25$ (abbrechend) $0,\overline{5}$ (periodisch)
 $\quad$ b) $2,375$ (abbrechend)   f) $0,555$ (abbrechend)
 $\quad\quad$ $2,\overline{6}$ (periodisch) $2,\overline{285714}$ (periodisch)
 $\quad$ c) $3,0625$ (abbrechend)   g) $0,\overline{54}$ (periodisch)
 $\quad\quad$ $0,\overline{27}$ (periodisch) $0,2525$ (abbrechend)
 $\quad$ d) $0,5\overline{3}$ (periodisch)   h) $0,9$ (abbrechend)
 $\quad\quad$ $0,\overline{615384}$ (periodisch) $4,3\overline{18}$ (periodisch)

152 3. a) $0,25$; $0,025$; $0,0025$ d) $0,8\overline{3}$; $8,\overline{3}$; $83,\overline{3}$
 $\quad$ b) $0,\overline{6}$; $0,0\overline{6}$; $0,00\overline{6}$ e) $0,\overline{095238}$; $0,\overline{952380}$; $95,\overline{238095}$
 $\quad$ c) $0,4\overline{6}$; $0,04\overline{6}$; $0,004\overline{6}$

4. (1) $\frac{7}{8} = \frac{875}{1000}$ (abbrechend); $\frac{5}{13} = 0,\overline{384615}$ (rein periodisch);

$\quad\quad$ $\frac{9}{50} = \frac{18}{100} = 0,18$ (abbrechend); $\frac{8}{15} = 0,5\overline{3}$ (gemischt periodisch);

$\quad\quad$ $\frac{10}{21} = 0,\overline{476190}$ (rein periodisch); $\frac{9}{125} = \frac{72}{1000} = 0,072$ (abbrechend)

$\quad$ (2) $\frac{3}{20} = \frac{15}{100} = 0,15$ (abbrechend); $\frac{8}{9} = 0,\overline{8}$ (rein periodisch);

$\quad\quad$ $\frac{6}{25} = \frac{24}{100} = 0,24$ (abbrechend); $\frac{9}{17} = 0,\overline{5294117647058823}$ (rein periodisch);

$\quad\quad$ $\frac{7}{36} = 0,19\overline{4}$ (gemischt periodisch); $\frac{1}{80} = \frac{125}{10000} = 0,0125$ (abbrechend)

$\quad$ (3) $\frac{15}{16} = \frac{9375}{10000} = 0,9375$ (abbrechend); $\frac{5}{14} = 0,3\overline{571428}$ (gemischt periodisch);

$\quad\quad$ $\frac{25}{78} = 0,3\overline{205128}$ (gemischt periodisch); $\frac{23}{40} = \frac{575}{1000} = 0,575$ (abbrechend)

$\quad\quad$ $\frac{25}{36} = 0,69\overline{4}$ (gemischt periodisch); $\frac{4}{105} = 0,0\overline{380952}$ (gemischt periodisch)

152

5. $\frac{2}{12} = 0,1\overline{6}$ (gemischt periodisch); $\frac{3}{12} = 0,25$ (abbrechend);

$\frac{4}{12} = 0,\overline{3}$ (reinperiodisch); $\frac{5}{12} = 0,41\overline{6}$ (gemischt periodisch);

$\frac{6}{12} = 0,5$ (abbrechend); $\frac{7}{12} = 0,58\overline{3}$ (gemischt periodisch);

$\frac{8}{12} = 0,\overline{6}$ (rein periodisch); $\frac{9}{12} = 0,75$ (abbrechend);

$\frac{10}{12} = 0,8\overline{3}$ (gemischt periodisch)

Wenn der Nenner des (gekürzten) Bruches nur die Primfaktoren 2 und 5 besitzt, dann erhält man einen abbrechenden Dezimalbruch.
Diese Brüche lassen sich nämlich auf Zehntel, Hundertstel, … erweitern.

Beispiel: $\frac{7}{20} = 0,35$

Tritt im Nenner des (gekürzten) Bruches ein anderer Primfaktor als 2 oder 5 auf, so erhält man einen periodischen Dezimalbruch.
Diese Brüche lassen sich nämlich nicht auf Zehntel, Hundertstel, … erweitern.
Es gibt dann zwei Fälle:
(1) Wenn der Nenner des (gekürzten) Bruches keinen der Primfaktoren 2 oder 5 besitzt, so erhält man einen reinperiodischen Dezimalbruch.
   Beispiel: $\frac{7}{11} = 0,\overline{63}$

(2) Wenn der Nenner des (gekürzten) Bruches mindestens einen der Primfaktoren 2 und 5 und mindestens noch einen weiteren Primfaktor besitzt, so erhält man einen gemischtperiodischen Dezimalbruch.
   Beispiel: $\frac{7}{15} = 0,4\overline{6}$

6. Alle sind richtig gelöst.

7. a) $0,\overline{5} \approx 0,56$　　b) $0,\overline{5} \approx 0,556$
$0,1\overline{6} \approx 0,17$　　　　　$0,1\overline{6} \approx 0,167$
$0,41\overline{6} \approx 0,42$　　　　$0,41\overline{6} \approx 0,417$
$0,2\overline{7} \approx 0,28$　　　　　$0,2\overline{7} \approx 0,278$
$0,04\overline{5} \approx 0,05$　　　　$0,04\overline{5} \approx 0,046$
$0,0\overline{45} \approx 0,05$　　　　$0,0\overline{45} \approx 0,045$

8. a) $0,45 > 0,\overline{4}$　　　c) $0,\overline{3} < 0,34$　　　e) $1,4\overline{2} < 1,4223$
$0,\overline{7} > 0,77$　　　　$0,\overline{5} > 0,5555$　　　$4,\overline{1} < 4,1\overline{9}$
b) $0,\overline{2} < 0,23$　　　d) $0,67 > 0,\overline{6}$
$0,56 > 0,\overline{5}$　　　　$0,8\overline{2} < 0,83$

9. a) $0,6 < 0,\overline{6}$　　　c) $1,3\overline{7} > 1,375$　　e) $4,1875 > 4,\overline{1}$
$0,\overline{7} > 0,75$　　　　$3,125 > 3,\overline{12}$　　　$0,\overline{23} < 0,375$
b) $0,4 > 0,3\overline{5}$　　　d) $0,2\overline{5} > 0,25$
$0,\overline{3} < 0,35$　　　　$0,625 < 0,6\overline{25}$

152

10. a) $0,3 < 0,33 < 0,333 < 0,\overline{3} < 0,334$

b) $0,01 < 0,\overline{01} < 0,1 < 0,11 < 0,\overline{1}$

c) $0,16 < 0,166 < 0,1\overline{6} < 0,167 < 0,17$

d) $0,7 < 0,77 < 0,\overline{7} < 0,78 < 0,\overline{78}$

11. a) $\frac{3}{4} = 0,75; \frac{7}{8} = 0,875; 0,6 < 0,7\overline{2} < \frac{3}{4} < 0,\overline{7} < 0,8 < \frac{7}{8}$

b) $\frac{7}{10} = 0,7; \frac{1}{7} = 0,\overline{142857}; \frac{3}{4} = 0,75; \frac{16}{20} = 0,8; \frac{1}{7} < 0,57 < \frac{7}{10} < 0,\overline{71} < \frac{3}{4} < \frac{16}{20}$

c) $\frac{4}{3} = 1,\overline{3}; \frac{8}{5} = 1,6; \frac{25}{15} = 1,\overline{6}; 1,0\overline{8} < 1,08 < \frac{4}{3} < \frac{8}{5} < \frac{25}{15} < \frac{17}{10}$

d) $\frac{4}{25} = 0,16; \frac{18}{100} = 0,18; \frac{9}{40} = 0,225; 0,0\overline{17} < 0,017 < \frac{4}{25} < 0,170 < \frac{18}{100} < \frac{9}{40}$

12. *Beispiele:*

a) $4\frac{1}{3} = \frac{13}{3} = 4,\overline{3}; 4\frac{5}{11} = 4,\overline{45}; 4\frac{5}{27} = 4,\overline{185}$

b) $\frac{2}{9} = 0,\overline{2}; \frac{3}{11} = 0,\overline{27}; \frac{8}{27} = 0,\overline{296}$

c) $1\frac{41}{90} = 1,4\overline{5}; 1\frac{5}{11} = 1,\overline{45}; 1\frac{49}{108} = 1,45\overline{370}$

d) $\frac{4}{9} = 0,\overline{4}; \frac{5}{11} = 0,\overline{45}; \frac{13}{27} = 0,\overline{481}$

e) $\frac{1}{3\,000} = 0,000\overline{3}; \frac{1}{11\,000} = 0,000\overline{09}; \frac{1}{27\,000} = 0,000\overline{037}$

3.9.2 Umformen von Dezimalbrüchen in Brüche

153

Einstieg:

a) $\frac{1}{9} = 0,\overline{1}; \frac{1}{99} = 0,\overline{01}; \frac{1}{999} = 0,\overline{001}; \frac{2}{9} = 0,\overline{2}; \frac{2}{99} = 0,\overline{02}; \frac{2}{999} = 0,\overline{002}$

b) Aufgrund der Ergebnisse in Teilaufgabe a) vermutet man:

$0,\overline{4} = 4 \cdot 0,\overline{1} = 4 \cdot \frac{1}{9} = \frac{4}{9}$

$0,\overline{18} = 18 \cdot 0,\overline{01} = 18 \cdot \frac{1}{99} = \frac{18}{99} = \frac{2}{11}$

$0,\overline{120} = 120 \cdot 0,\overline{001} = 120 \cdot \frac{1}{999} = \frac{120}{999} = \frac{40}{333}$

Man kann die so erhaltenen Ergebnisse überprüfen, indem man durch Division wieder in Dezimalbrüche umwandelt.

1. a) $\frac{2}{9}$

$7\frac{7}{9}$

b) $1\frac{5}{9}$

$13\frac{6}{9} = 13\frac{2}{3}$

c) $\frac{9}{99} = \frac{1}{11}$

$2\frac{12}{99} = 2\frac{4}{33}$

d) $2\frac{27}{99} = 2\frac{3}{11}$

$11\frac{11}{99} = 11\frac{1}{9} = 11,\overline{1}$

e) $4\frac{33}{999} = 4\frac{11}{333}$

$\frac{123}{999} = \frac{41}{333}$

f) $12\frac{92}{999}$

$10\frac{3}{999} = 10\frac{1}{333}$

2. a) $\frac{3}{10}$

$\frac{3}{9} = \frac{1}{3}$

b) $1\frac{7}{9}$

$\frac{17}{10} = 1\frac{7}{10}$

c) $\frac{5}{100} = \frac{1}{20}$

$\frac{5}{99}$

d) $13\frac{35}{100} = 13\frac{7}{20}$

$13\frac{35}{99}$

e) $9\frac{45}{999}$

$9\frac{45}{1\,000} = 9\frac{9}{200}$

f) $\frac{555}{999} = \frac{5}{9} = 0,\overline{5}$

$\frac{555}{1\,000} = \frac{111}{200}$

153

3. a) $\frac{8}{90}$; $\frac{8}{100} = \frac{2}{25}$; $\frac{8}{99}$

b) $\frac{27}{99} = \frac{3}{11}$; $\frac{25}{90} = \frac{5}{18}$; $\frac{27}{100}$

c) $2 + \frac{7}{100} + \frac{5}{900} = 2\frac{68}{900} = 2\frac{17}{225}$; $2 + \frac{75}{990} = 2\frac{75}{990} = 2\frac{5}{66}$; $2\frac{75}{999} = 2\frac{25}{333}$

4. a) $0,\overline{5} = \frac{5}{9}$; $\frac{1}{2} = 0,5$

c) $0,2\overline{1} = \frac{2}{10} + \frac{1}{90} = \frac{19}{90}$; $\frac{21}{99} = 0,\overline{21}$

b) $\frac{1}{3} = 0,\overline{3}$; $0,3 = \frac{3}{10}$

d) $0,0\overline{3} = \frac{3}{90} = \frac{1}{30}$; $\frac{1}{33} = 0,\overline{03}$

5. a) $0,\overline{9} = 0,\overline{1} \cdot 9 = \frac{1}{9} \cdot 9 = 1$

b) $1,2\overline{9} = (12 + 0,\overline{9}) : 10 = (12 + 1) : 10 = 13 : 10 = 1,3$

3.10 Aufgaben zur Vertiefung

154

1. a) $25,4\,\text{mm} : 1\,440 \approx 0,018\,\text{mm}$

b) $5,30 \cdot 28,2495\,\text{g} \approx 149,722\,\text{g}$

2. a) *Frage:* Wie lang ist 1 ft?
Rechnung: $3\,\text{m} : 10 = 0,3\,\text{m}$
Antwort: 1 ft sind ungefähr 0,3 m.

b) *Frage:* In wie viel Meter Höhe befinden sich die beiden Basislager?
Rechnung: $22\,300 \cdot 30,48\,\text{cm} = 679\,704\,\text{cm} \approx 6\,797\,\text{m} \approx 6\,800\,\text{m}$
$ 24\,600 \cdot 30,48\,\text{cm} = 749\,808\,\text{cm} \approx 7\,498\,\text{m} \approx 7\,500\,\text{m}$
Antwort: Das erste Basislager befindet sich in ungefähr 6 800 m Höhe, das zweite in ungefähr 7 500 m Höhe.

c) *Frage:* In wie viel Meter Höhe befindet sich das Flugzeug?
Rechnung: $34\,000 \cdot 30,48\,\text{cm} = 1\,036\,320\,\text{cm} \approx 10\,363\,\text{m} \approx 10\,400\,\text{m}$
Antwort: Das Flugzeug befindet sich in ungefähr 10 400 m Höhe.

3. a) (1) Das Bad ist 3,50 m lang und 2,10 m breit.
(2) –

b) (1) Bodenfliesen:
$A = 3,50\,\text{m} \cdot 2,10\,\text{m} = 7,35\,\text{m}^2$
$7,35 \cdot 31,75\,€ = 233,36\,€$
Wandfliesen:
$A = 2 \cdot (3,50\,\text{m} + 2,10\,\text{m}) \cdot 2,50\,\text{m} - 0,90\,\text{m} \cdot 2,00\,\text{m} - 1,20\,\text{m} \cdot 1,25\,\text{m}$
$= 28\,\text{m}^2 - 1,80\,\text{m}^2 - 1,50\,\text{m}^2 = 24,7\,\text{m}^2$
$24,7 \cdot 23,65\,€ = 584,16\,€$
$233,36\,€ + 584,16\,€ = 817,52\,€ \approx 820\,€$
Das Fliesen des Bades kostet ungefähr 820 €.
(2) $A = 1,20\,\text{m} \cdot 1,25\,\text{m} = 1,5\,\text{m}^2$; $1,5 \cdot 26\,€ = 39\,€$.
Das Badfensterglas kostet 39 €.

154

3. **c)** Größe der anderen Räume:

Küche: $3{,}60\,\text{m} \cdot 2{,}80\,\text{m} = 10{,}08\,\text{m}^2$

Wohnzimmer: $6{,}10\,\text{m} \cdot 5{,}20\,\text{m} - 1{,}10\,\text{m} \cdot (5{,}20\,\text{m} - 3{,}60\,\text{m}) = 29{,}96\,\text{m}^2$

Flur: $3{,}50\,\text{m} \cdot 1{,}80\,\text{m} = 6{,}3\,\text{m}^2$

Schlafzimmer: $5{,}40\,\text{m} \cdot 3{,}90\,\text{m} + 1{,}80\,\text{m} \cdot 1{,}10\,\text{m} = 23{,}04\,\text{m}^2$

Balkon: $3{,}60\,\text{m} \cdot 1{,}10\,\text{m} = 3{,}96\,\text{m}^2$

4. Multiplizieren und Dividieren von Brüchen

157   **Einstiegsseite:**

$3\frac{1}{2}$ kg Spargel kostet 14 €.

1 kg Erdbeeren kostet 4 €.

Die Verkaufsfläche ist $11\frac{1}{4}$ m² groß, also 11,25 m².

1 kg Kartoffeln kostet 0,60 €.

Lernfeld: Vielfach Brüche

158   **1. Auftrag: Kochen und Backen**

→ Knapp $\frac{3}{4}$ Kilo Mehl, $\frac{3}{8}$ Liter Milch, $\frac{1}{2}$ Päckchen Butter oder Margarine, $\frac{3}{16}$ Pfund Zucker

→ Knapp $\frac{3}{8}$ Kilo Mehl, $\frac{3}{16}$ Liter Milch, $\frac{1}{4}$ Päckchen Butter oder Margarine, $\frac{3}{32}$ Pfund Zucker

→ *Blech:* Knapp $\frac{3}{80}$ Kilo Mehl, $\frac{3}{160}$ Liter Milch, $\frac{1}{40}$ Päckchen Butter oder Margarine, $\frac{3}{320}$ Pfund Zucker

Kleine Kuchenform: Knapp $\frac{1}{32}$ Kilo Mehl, $\frac{1}{64}$ Liter Milch, $\frac{1}{48}$ Päckchen Butter oder Margarine, $\frac{1}{128}$ Pfund Zucker

2. Auftrag: Vielfache Gewichtheber

Das Dreifache von 2,4 kg sind 7,2 kg.

$\frac{3}{4}$ von 2,4 kg sind 1,8 kg.

Das Anderthalbfache von 2,4 kg sind 3,6 kg.

Das 1,1-Fache von 2,4 kg sind 2,64 kg.

Das 0,3-Fache von 2,4 kg sind 0,72 kg.

159   **3. Auftrag: Brüche bei Flächen**

Team 1:

$\frac{3}{24}$, also $\frac{1}{8}$ des Feldes.

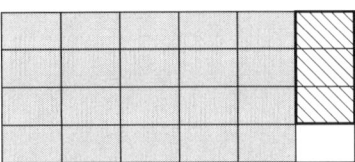

159   Team 2:

$\frac{2}{42}$, also $\frac{1}{21}$ des Gartens; $\frac{2}{42} = \frac{1}{21}$

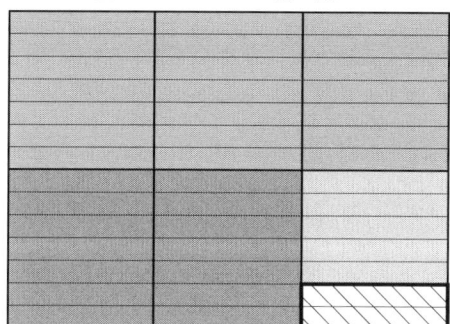

Gesamte Gruppe: Keine Lösungen
Weitere Teamaufgaben: Keine Lösungen

4.1   Multiplizieren von Brüchen

160   **Einstieg:**
Eine ganze Tafel hat 24 Stücke Schokolade.

$3 \cdot 12$ Stücke $= 36$ Stücke sind $1\frac{1}{2}$ Tafeln Schokolade.

Zweieinhalb mal so viel sind 30 Stücke, das sind $1\frac{1}{4}$ Tafeln Schokolade.

Zwei Drittel der 12 Stücke sind 8 Stücke, das ist ein Drittel der ganzen Tafel.

161   2. (1) $\frac{8}{15}$ (2) $\frac{28}{15} = 1\frac{13}{15}$ (3) $\frac{20}{7} = 2\frac{6}{7}$ (4) $\frac{50}{7} = 7\frac{1}{7}$

Wenn man eine Zahl mit einem Bruch multipliziert, der kleiner als 1 ist, dann ist das Ergebnis kleiner als die Zahl. Wenn man eine Zahl mit einem Bruch multipliziert, der größer ist als 1, dann ist das Ergebnis größer als die Zahl.

162   3. Das Anderthalbfache von $3\frac{1}{4}$ ist $3\frac{1}{4} + \left(\frac{1}{2}$ von $3\frac{1}{4}\right) = 3\frac{1}{4} + 1\frac{5}{8} = 4\frac{7}{8}$.

Zum Multiplizieren zweier Brüche in gemischter Schreibweise wandelt man die Brüche zunächst in unechte Brüche um und multipliziert dann.

$1\frac{1}{2} \cdot 3\frac{1}{4} = \frac{3}{2} \cdot \frac{13}{4} = \frac{3 \cdot 13}{2 \cdot 4} = \frac{39}{8} = 4\frac{7}{8}$

4. $\frac{3}{4} \cdot \frac{2}{5} = \frac{3 \cdot 2}{4 \cdot 5} = \frac{6}{20} = \frac{3}{10}$

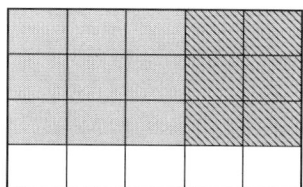

162

5. $\frac{8}{15}$ m²; Von $\frac{5}{5}$ Gesamtfläche sind $\frac{4}{5}$ Fahnentuch und $\frac{2}{3}$ vom Tuch sind rot.

$\frac{2}{3} \cdot \frac{4}{5}$ m² $= \frac{8}{15}$ m²

6. $\frac{3}{4}$ von $1\frac{1}{2}$ ha $= \frac{3}{4} \cdot \frac{3}{2}$ ha $= \frac{9}{8}$ ha $= 1\frac{1}{8}$ ha

7. a) Der Anteil der Mädchen, die ein Instrument spielen ist $\frac{2}{3} \cdot \frac{3}{4}$ des Ganzen, also $\frac{6}{12}$ bzw. gekürzt $\frac{1}{2}$.

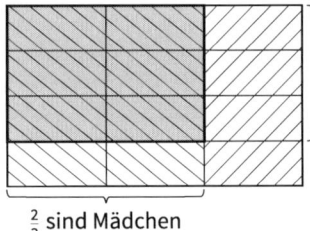

$\frac{3}{4}$ spielen ein Instrument

$\frac{2}{3}$ sind Mädchen

b) $\frac{2}{3}$ von $\frac{3}{4} = \frac{2}{3} \cdot \frac{3}{4} = \frac{6}{12} = \frac{1}{2}$

$\frac{3}{4}$ von 24 Kindern spielen ein Instrument, das sind 18 Kinder.

$\frac{2}{3}$ der 18 Kinder sind Mädchen, das sind 12 Mädchen, also die Hälfte aller Kinder.

8. a) $\frac{3}{10}$ **b)** $\frac{7}{12}$ **c)** $\frac{1}{6}$ **d)** $\frac{1}{3}$ **e)** $\frac{9}{20}$ **f)** $\frac{10}{21}$

163

9. $\frac{2}{5} \cdot \frac{5}{6} = \frac{1}{3}$

10. a) $\frac{9}{35}$ **c)** $\frac{3}{4}$ **e)** $\frac{1}{4}$ **g)** $\frac{135}{112} = 1\frac{23}{112}$

     $\frac{20}{63}$ $\frac{4}{9}$ $\frac{1}{6}$ $\frac{92}{175}$

    b) $\frac{35}{72}$ **d)** $\frac{1}{8}$ **f)** $\frac{1}{12}$

     $\frac{5}{24}$ $\frac{15}{28}$ $\frac{1}{15}$

11. a) $\frac{3}{8}$ **b)** $\frac{2}{15}$ **c)** $\frac{6}{12} = \frac{1}{2}$ **d)** $\frac{1}{6}$

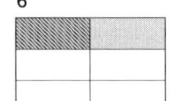

    e) $\frac{4}{20} = \frac{1}{5}$ **f)** $\frac{6}{12} = \frac{1}{2}$ **g)** $\frac{4}{30} = \frac{2}{15}$

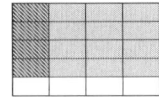  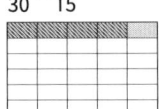

12. a) $\frac{5}{6}$ **b)** $\frac{7}{9}$ **c)** $\frac{4}{9}$ **d)** $\frac{21}{20} = 1\frac{1}{20}$ **e)** $\frac{8}{5} = 1\frac{3}{5}$

     $\frac{8}{21}$ $\frac{2}{3}$ $\frac{1}{2}$ $\frac{81}{35} = 2\frac{11}{35}$ $\frac{1}{2}$

163

13. a) $\frac{5}{21}$ **c)** $\frac{8}{21}$ **e)** $\frac{49}{30}=1\frac{19}{30}$ **g)** $\frac{72}{77}$

$\frac{7}{6}=1\frac{1}{6}$ $\frac{15}{22}$ $\frac{11}{6}=1\frac{5}{6}$ $\frac{34}{21}=1\frac{13}{21}$

$\frac{4}{9}$ $\frac{6}{7}$ $\frac{35}{39}$ $\frac{24}{5}=4\frac{4}{5}$

b) $\frac{7}{10}$ **d)** $\frac{10}{21}$ **f)** $\frac{161}{64}=2\frac{33}{64}$

$\frac{6}{7}$ $\frac{9}{20}$ $\frac{152}{45}=3\frac{17}{45}$

$\frac{5}{18}$ $\frac{72}{77}$ $\frac{9}{34}$

14. a) $\frac{6}{25}$ **c)** $\frac{7}{6}=1\frac{1}{6}$ **e)** $\frac{19}{18}=1\frac{1}{18}$ **g)** $\frac{1}{16}$

$\frac{1}{5}$ $\frac{1}{6}$ $\frac{5}{27}$ $\frac{13}{24}$

$\frac{5}{5}=1$ $\frac{1}{3}$ $\frac{11}{18}$ $\frac{5}{24}$

b) $\frac{1}{4}$ **d)** $\frac{2}{5}$ **f)** $\frac{1}{9}$

$\frac{1}{8}$ $\frac{13}{10}=1\frac{3}{10}$ $\frac{3}{20}$

$\frac{3}{4}$ $\frac{3}{10}$ $\frac{41}{60}$

15. a) $\frac{2}{3}\cdot\frac{3}{4}\,l=\frac{1}{2}\,l$ **b)** $\frac{4}{5}\cdot\frac{7}{8}\,l=\frac{7}{10}\,l$

16. a) $\frac{12}{5}=2\frac{2}{5}$ **c)** $\frac{21}{4}=5\frac{1}{4}$ **e)** $\frac{56}{3}=18\frac{2}{3}$

b) $\frac{8}{15}$ **d)** $\frac{10}{3}=3\frac{1}{3}$ **f)** $\frac{66}{7}=9\frac{3}{7}$

17. a)

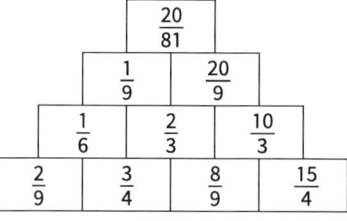

b)

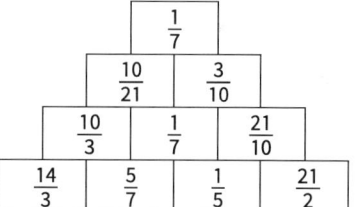

c)

18. a) 3   **b)** $\frac{1}{15}$ **c)** 2   **d)** 6   **e)** $\frac{52}{51}=1\frac{1}{51}$ **f)** 1

19. a) $2\frac{5}{8}$ **b)** $1\frac{1}{3}$ **c)** $3\frac{1}{8}$ **d)** 6

$1\frac{1}{2}$ $1\frac{1}{2}$ $2\frac{5}{8}$ 3

164

20.a) $\frac{1}{4}$ l

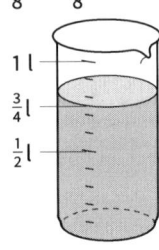

b) $\frac{1}{6}$ h

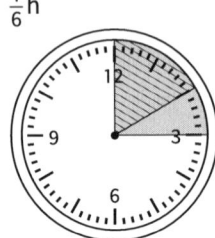

c) $\frac{9}{8}$ l $= 1\frac{1}{8}$ l

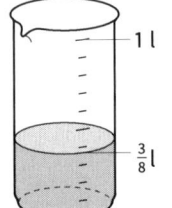 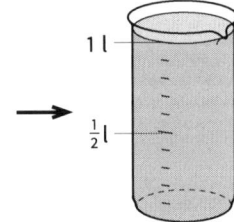 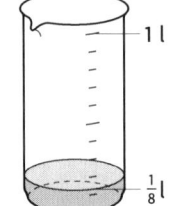

21. $\frac{3}{8} \cdot \frac{7}{8} = \frac{21}{64}$

$4 \cdot \frac{2}{3} = \frac{8}{3}$

$3\frac{1}{2} \cdot 5 = \frac{7}{2} \cdot 5 = \frac{35}{2} = 17\frac{1}{2}$ $\frac{1}{2}$

$2\frac{1}{5} \cdot 3\frac{2}{3} = \frac{11}{5} \cdot \frac{11}{3} = \frac{121}{15} = 8\frac{1}{15}$

Der Nenner ist das Produkt der beiden Nenner.
Nur der Zähler wird vervielfacht.
muss auch mit 5 multipliziert werden.
Es wurden nur die Ganzen und die
Brüche $\frac{1}{5}$ und $\frac{2}{3}$ multipliziert.

22.a) $\frac{7}{30}$ **b)** $\frac{5}{14}$ **c)** $\frac{1}{3}$ **d)** $\frac{16}{81}$ **e)** $\frac{15}{46}$

23. *Beispiele:*   **a)** $\frac{6}{35} = \frac{2}{7} \cdot \frac{3}{5}$ **b)** $\frac{5}{7} = \frac{1}{7} \cdot \frac{5}{1}$ **c)** $1 = \frac{3}{5} \cdot \frac{5}{3}$ **d)** $3 = \frac{9}{4} \cdot \frac{4}{3}$

24.a) $\frac{27}{64}$ **b)** $\frac{16}{625}$ **c)** $\frac{64}{81}$ **d)** $\frac{1}{81}$ **e)** $\frac{729}{64} = 11\frac{25}{64}$

25.a) **(1)** $\left(\frac{3}{5}\right)^2 = \frac{9}{25}$ **(3)** $\left(\frac{11}{12}\right)^2 = \frac{121}{144}$ **(5)** $\left(\frac{2}{3}\right)^4 = \frac{16}{81}$

　　 (2) $\left(\frac{7}{8}\right)^2 = \frac{49}{64}$ **(4)** $\left(\frac{3}{4}\right)^3 = \frac{27}{64}$ **(6)** $\left(\frac{1}{2}\right)^5 = \frac{1}{32}$

b) **(1)** $\left(\frac{2}{3}\right)^2$ **(2)** $\left(\frac{5}{4}\right)^3$ **(3)** $\left(\frac{1}{5}\right)^4$

　 (4) $\left(\frac{12}{13}\right)^2$ **(5)** $\left(\frac{3}{4}\right)^5$

c) **(1)** $\frac{16}{25}$ und $\frac{8}{5} = 1\frac{3}{5}$ **(2)** $\frac{343}{8} = 42\frac{7}{8}$ und $\frac{21}{2} = 10\frac{1}{2}$ **(3)** $\frac{1}{256}$ und $\frac{8}{2} = 4$

26.a) $\frac{16}{81}$ **c)** $\frac{1}{1\,000\,000}$ **e)** $\frac{1}{32}$ **g)** $\frac{27}{8} = 3\frac{3}{8}$

b) $\frac{1}{216}$ **d)** $\frac{25}{16} = 1\frac{9}{16}$ **f)** $\frac{49}{16} = 3\frac{1}{16}$

164

27. (1) Z. B.: 4 von 20 getesteten Uhren waren defekt.
   (2) Z. B.: In jeder Obstkiste liegen 24 Äpfel. Einer von 6 getesteten Äpfeln war faul.
   (3) Z. B.: Ein Beet ist $\frac{4}{5}$ m² groß. Die Hälfte des Beetes ist noch nicht bepflanzt.

28. a) Die Behauptung gilt nur für einen Bruch, der kleiner als 1 ist.
   b) Die Behauptung ist richtig.

Das kann ich noch!

A) 1) 420 min   3) 4,2 m   5) 500 cm   7) 0,45 km
   2) 8000 kg   4) 70 mm   6) 7 m   8) 0,45 kg
B) 10 m

4.2 Dividieren von Brüchen

165

Einstieg:

1. Punkt: ■ $\underset{:4}{\overset{\cdot 4}{\rightleftharpoons}}$ 76 000   76 000 : 4 = 19 000

Im Vorjahr lag die Zahl der Übernachtungen bei 19 000.

2. Punkt: ■ $\underset{:2}{\overset{\cdot 2}{\rightleftharpoons}}$ $\underset{\cdot 3}{\overset{:3}{\rightleftharpoons}}$ 4 200 €   4 200 € · 3 : 2 = 6 300 €

Der Werbeetat betrug im Vorjahr 6 300 €.

3. Punkt: ■ $\underset{:3}{\overset{\cdot 3}{\rightleftharpoons}}$ $\underset{\cdot 4}{\overset{:4}{\rightleftharpoons}}$ $1\frac{1}{2}$h $= \frac{3}{2}$h $\frac{3}{2}$h · 4 : 3 = 2 h

Im Vorjahr betrug die Transferzeit zum Flughafen 2 Stunden.

166

2. a) $\frac{3}{4} : \frac{5}{1} = \frac{3}{4} \cdot \frac{1}{5} = \frac{3}{20}$ c) $\frac{3}{1} : \frac{4}{1} = \frac{3}{1} \cdot \frac{1}{4} = \frac{3}{4}$ e) $\frac{11}{4} : \frac{13}{3} = \frac{11}{4} \cdot \frac{3}{13} = \frac{33}{52}$

   b) $\frac{2}{1} : \frac{3}{4} = \frac{2}{1} \cdot \frac{4}{3} = \frac{8}{3} = 2\frac{2}{3}$ d) $\frac{68}{7} : \frac{3}{1} = \frac{68}{7} \cdot \frac{1}{3} = \frac{68}{21} = 3\frac{5}{21}$

167

3. (1) $\frac{3}{2} : \frac{3}{4} = 2$ (3) $\frac{12}{9} : \frac{3}{8} = \frac{32}{9} = 3\frac{5}{9}$

   (2) $\frac{27}{4} : \frac{8}{3} = \frac{81}{32} = 2\frac{17}{32}$ (4) $24 : \frac{3}{7} = 56$

   Wenn man eine Zahl durch einen Bruch dividiert, der größer als 1 ist, dann ist das Ergebnis kleiner als die Zahl. Wenn man eine Zahl durch einen Bruch dividiert, der kleiner als 1 ist, dann ist das Ergebnis größer als die Zahl.

4. a) $\frac{9}{10}$ l : $\frac{3}{10}$ l $= \frac{9}{10} : \frac{3}{10} = \frac{9 \cdot 10}{10 \cdot 3} = 3$

   Das Trinkglas kann genau dreimal mit Orangensaft gefüllt werden.

   b) $\frac{7}{10}$ l : $\frac{3}{10}$ l $= \frac{7}{10} : \frac{3}{10} = \frac{7 \cdot 10}{10 \cdot 3} = \frac{7}{3} = 2\frac{1}{3}$

   Das Trinkglas kann genau $2\frac{1}{3}$-mal mit Apfelsaft gefüllt werden.

   c) $\frac{1}{2}$ l : $\frac{3}{10}$ l $= \frac{1}{2} : \frac{3}{10} = \frac{1 \cdot 10}{2 \cdot 3} = \frac{5}{3} = 1\frac{2}{3}$

   Trinkglas kann genau $1\frac{2}{3}$-mal mit Milch gefüllt werden.

167

5. a) $\frac{2}{3}:\frac{5}{9}=\frac{6}{5}=1\frac{1}{5}$

    b) $5:4\frac{1}{6}=5:\frac{25}{6}=\frac{6}{5}=1\frac{1}{5}$

    c) $4\frac{1}{6}:5=\frac{25}{6}:5=\frac{5}{6}$

    d) $1\frac{1}{2}:2\frac{1}{4}=\frac{3}{2}:\frac{9}{4}=\frac{2}{3}$

168

6. a) $27:\frac{3}{4}=36$ b) $15:\frac{5}{6}=18$ c) $14:\frac{2}{5}=35$ d) $32:\frac{4}{7}=56$

7. a) 15   b) 27   c) 16   d) 10   e) 108   f) 72
       14   21   6   27   63   28

8. a) 55   b) 64   c) $\frac{35}{2}=17\frac{1}{2}$ d) 35   e) 640   f) 49

9. a) $\frac{5}{4}=1\frac{1}{4}$ c) $\frac{32}{15}=2\frac{2}{15}$ e) $\frac{5}{8}$ g) $\frac{8}{9}$ i) 2   k) $\frac{3}{8}$

       $\frac{7}{6}=1\frac{1}{6}$ $\frac{25}{27}$ $\frac{105}{4}=26\frac{1}{4}$ $\frac{7}{6}=1\frac{1}{6}$ $\frac{14}{9}=1\frac{5}{9}$ $\frac{8}{3}=2\frac{2}{3}$

    b) $\frac{15}{4}=3\frac{3}{4}$ d) 1   f) $\frac{33}{56}$ h) $\frac{5}{21}$ j) $\frac{7}{4}=1\frac{3}{4}$ l) $\frac{2}{3}$

       $\frac{1}{2}$ $\frac{8}{11}$ $\frac{153}{91}=1\frac{62}{91}$ $\frac{6}{5}=1\frac{1}{5}$ $\frac{5}{4}=1\frac{1}{4}$ $\frac{3}{2}=1\frac{1}{2}$

10. a) $\frac{2}{7}$ b) $\frac{2}{15}$ c) $\frac{1}{28}$ d) $\frac{14}{3}=4\frac{2}{3}$ e) 64   f) 0

11. a) $\frac{8}{9}:\frac{2}{9}=\frac{8}{9}\cdot\frac{9}{2}=\frac{4}{1}=4$ Es muss mit dem Kehrwert $\frac{9}{2}$ multipliziert werden.

    b) $\frac{5}{7}:\frac{2}{3}=\frac{5}{7}\cdot\frac{3}{2}=\frac{15}{14}=1\frac{1}{14}$ Es muss mit dem Kehrwert des Divisors multipliziert werden.

    c) $\frac{4}{5}:7=\frac{4\cdot1}{5\cdot7}=\frac{4}{35}$ Nur der Nenner wird mit 7 multipliziert.

    d) $3:\frac{3}{4}=\frac{3\cdot4}{1\cdot3}=\frac{12}{3}=4$ Es muss mit dem Kehrwert $\frac{4}{3}$ multipliziert werden.

12. a) $7\frac{1}{2}\,l:\frac{3}{4}\,l=10$; also 10 Flaschen

    b) $3\frac{1}{2}\,l:\frac{3}{4}\,l=\frac{14}{3}=4\frac{2}{3}$, also 5 Flaschen

    c) $14\frac{1}{2}\,l:\frac{3}{4}\,l=\frac{58}{3}=19\frac{1}{3}$, also 20 Flaschen

13. a) 35 Gläschen

    b) (1) 500 Flaschen   (3) 1 500 Flaschen

        (2) 250 Flaschen   (4) 857 Flaschen; $\frac{1}{7}\,l$ bleibt übrig.

14. 10 Pakete

15. Z. B.: Wie viele Schalen Heidelbeeren werden verpackt?
    Antwort: $66\frac{2}{3}$ Schalen
    Z. B.: Wie viele Schalen Waldpilze werden verpackt?
    Antwort: 12 Schalen

169

16. a) 100 Säcke   **b)** 500 kg

17. a) $\frac{8}{5}=1\frac{3}{5}$; $\frac{35}{5}=\frac{7}{1}=7$; $\frac{15}{9}=\frac{5}{3}=1\frac{2}{3}$; $\frac{18}{36}=\frac{3}{6}=\frac{1}{2}$; $\frac{17}{13}=1\frac{4}{13}$

   b) $\frac{56}{9}=6\frac{2}{9}$; $\frac{64}{18}=\frac{32}{9}=3\frac{5}{9}$; $\frac{68}{16}=\frac{17}{4}=4\frac{1}{4}$; $\frac{84}{9}=\frac{28}{3}=9\frac{1}{3}$; $\frac{28}{27}=1\frac{1}{27}$

18. a) $\frac{15}{4}=3\frac{3}{4}$; $\frac{3}{14}$; 2; 0; 1   **c)** $\frac{4}{5}$; $\frac{1}{120}$; 1; 0

   b) $\frac{1}{9}$; 9; 3; $\frac{1}{3}$; 0   **d)** 32; $\frac{1}{32}$; $\frac{1}{32}$; 32; 2

19. a)

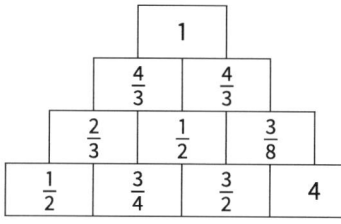

       c)

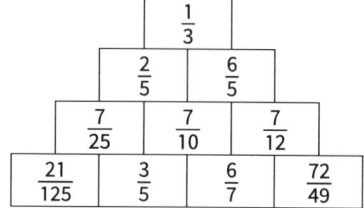

   b)

20. a) $\frac{3}{16}$

      $\frac{1}{2}$

      3

      1

   b) $\frac{5}{4}=1\frac{1}{4}$

      $\frac{5}{9}$

      $\frac{3}{2}=1\frac{1}{2}$

      $\frac{1}{6}$

c) $\frac{1}{12}$

   $\frac{1}{2}$

   $\frac{9}{8}=1\frac{1}{8}$

   $\frac{17}{12}=1\frac{5}{12}$

d) $\frac{2}{15}$

   $\frac{8}{15}$

   $\frac{6}{5}=1\frac{1}{5}$

   $\frac{22}{15}=1\frac{7}{15}$

e) $\frac{11}{24}$

   $\frac{5}{16}$

   $\frac{29}{24}=1\frac{5}{24}$

   $\frac{20}{9}=2\frac{2}{9}$

f) $\frac{7}{90}$

   $\frac{9}{20}$

   $\frac{43}{60}$

   $\frac{35}{8}=4\frac{3}{8}$

21. 588 Schülerinnen und Schüler

22. a) $\frac{15}{14}=1\frac{1}{14}$

      $\frac{10}{9}=1\frac{1}{9}$

      $\frac{28}{15}=1\frac{13}{15}$

c) $\frac{77}{30}=2\frac{17}{30}$

   $\frac{16}{15}=1\frac{1}{15}$

   $\frac{45}{32}=1\frac{13}{32}$

e) $\frac{20}{27}$

   $\frac{32}{21}=1\frac{11}{21}$

   $\frac{7}{10}$

169

22. b) $\frac{10}{7} = 1\frac{3}{7}$

$\frac{35}{64}$

$\frac{1}{6}$

d) $\frac{14}{13} = 1\frac{1}{13}$

$\frac{11}{3} = 3\frac{2}{3}$

$\frac{4}{5}$

23. a) $128\,km$ **b)** –

24. a) $\frac{2}{9}$

$\frac{15}{32}$

$\frac{35}{12} = 2\frac{11}{12}$

c) $\frac{15}{28}$

$\frac{14}{5} = 2\frac{4}{5}$

$\frac{1}{6}$

e) $\frac{10}{13}$

$\frac{6}{5} = 1\frac{1}{5}$

$\frac{170}{21} = 8\frac{2}{21}$

b) $\frac{15}{56}$

$\frac{6}{5} = 1\frac{1}{5}$

$\frac{6}{5} = 1\frac{1}{5}$

d) $\frac{8}{15}$

$\frac{75}{128}$

$\frac{15}{8} = 1\frac{7}{8}$

f) 35

$\frac{2}{3}$

$\frac{18}{5} = 3\frac{3}{5}$

170

25. Pascal hat den Dividend so erweitert, dass der Zähler des Dividenden ein Vielfaches des Zählers des Divisors und der Nenner des Dividenden ein Vielfaches des Nenners des Divisors ist. Die Rechnung ist richtig, denn:
$\frac{2}{3} : \frac{4}{5} = \frac{2}{3} \cdot \frac{5}{4} = \frac{10}{12} = \frac{5}{6}$

26. $3 : \frac{1}{4} = \frac{3}{1} : \frac{1}{4} = \frac{3}{1} \cdot \frac{4}{1} = \frac{12}{1} = 12$

Nora hat richtig gerechnet. Wenn man eine Zahl durch $\frac{1}{4}$ dividiert, so ist das Ergebnis viermal so groß wie die Zahl (der Dividend). Jacobs Rechnung ist falsch. Er hat die Dividenden nicht mit dem Kehrwert des Divisors sondern mit dem Divisor multipliziert.

27. a) $28; 14; 7; \frac{7}{6} = 1\frac{1}{6}; \frac{7}{12}$ **b)** $\frac{2}{7}; \frac{3}{7}; \frac{6}{7}; \frac{12}{7} = 1\frac{5}{7}; \frac{18}{7} = 2\frac{4}{7}$

Wenn der Dividend kleiner wird und der Divisor gleich groß ist, dann wird der Quotient kleiner.
Wenn der Dividend gleich groß ist und der Divisor kleiner wird, dann wird der Quotient größer.

28. $\frac{2}{5} : \frac{1}{250} = 100$ Ab $\frac{1}{256}$ ist der Quotient größer als 100.

170 29. *Beispiele:*

a) *Aufgabe:* $\frac{1}{2} \cdot 2\frac{3}{4}$ kg

Rechengeschichte: Am Obststand sind noch $2\frac{3}{4}$ kg Kirschen übrig. Andrea kauft die Hälfte.

Wie viel kg Kirschen kauft sie?

Rechnung: $\frac{1}{2} \cdot 2\frac{3}{4} = \frac{1}{2} \cdot \frac{11}{4} = \frac{11}{8} = 1\frac{3}{8}$

Antwort: Andrea kauft $1\frac{3}{8}$ kg Kirschen, also 1,375 kg Kirschen.

b) *Aufgabe:* $4\frac{1}{2}$ dm $: \frac{2}{3}$

Rechengeschichte: Ein abgesägtes Brett ist $4\frac{1}{2}$ dm lang, das sind $\frac{2}{3}$ der ursprünglichen Länge. Wie lang war das Brett vor dem Absägen?

Rechnung: $4\frac{1}{2} : \frac{2}{3} = \frac{9}{2} : \frac{2}{3} = \frac{9 \cdot 3}{2 \cdot 2} = \frac{27}{4} = 6\frac{3}{4}$

Antwort: Das Brett war $6\frac{3}{4}$ m, also 6,75 m lang.

c) *Aufgabe:* $2\frac{3}{4}$ l $+ 1\frac{1}{2}$ l

Rechengeschichte: Marie kauft $2\frac{3}{4}$ l Apfelsaft und $1\frac{1}{2}$ l Orangensaft.

Wie viel Liter Saft hat sie gekauft?

Rechnung: $\frac{3}{4} + 1\frac{1}{2} = \frac{11}{4} + \frac{3}{2} = \frac{11}{4} + \frac{6}{4} = \frac{17}{4} = 4\frac{1}{4}$

Antwort: Marie hat $4\frac{1}{4}$ l, also 4,25 l Saft gekauft.

d) *Aufgabe:* $9\frac{1}{4}$ ha $- 4\frac{1}{2}$ ha

Rechengeschichte: Ein Neubaugebiet ist $9\frac{1}{4}$ ha groß. $4\frac{1}{2}$ ha sind schon verkauft.

Wie viel ha sind noch nicht verkauft?

Rechnung: $9\frac{1}{4} - 4\frac{1}{2} = \frac{37}{4} - \frac{9}{2} = \frac{37}{4} - \frac{18}{4} = \frac{19}{4} = 4\frac{3}{4}$

Antwort: $4\frac{3}{4}$ ha, also 4,75 ha sind noch nicht verkauft.

e) *Aufgabe:* $\frac{3}{4}$ h $\cdot 4$

Rechengeschichte: Patrick benötigt für seinen Weg zur Schule und zurück täglich eine $\frac{3}{4}$ Stunde. In dieser Woche musste er an vier Tagen zur Schule.

Wie lange benötigt Patrick in dieser Woche für den Schulweg?

Rechnung: $\frac{3}{4} \cdot 4 = 3$

Antwort: Patrick benötigt insgesamt 3 Stunden.

f) *Aufgabe:* $12\frac{1}{2}$ m $: \frac{3}{5}$ m

Rechengeschichte: Ein Baumstamm ist $12\frac{1}{2}$ m lang. Er wird in $\frac{3}{5}$ m lange Stücke zersägt. Wie viele Stücke erhält man?

Rechnung: $12\frac{1}{2} : \frac{3}{5} = \frac{25}{2} : \frac{3}{5} = \frac{25}{2} \cdot \frac{5}{3} = \frac{125}{6} = 20\frac{5}{6}$

Antwort: Man erhält 20 Stücke zu $\frac{3}{5}$ m Länge.

Das letzte Stück ist nur $\frac{1}{2}$ m lang.

170

29. g) *Aufgabe:* $3\frac{1}{2}\,h : 1\frac{2}{5}\,h$

Rechengeschichte: Eine Runde eines Computerspiels dauert $1\frac{2}{5}$ Stunden. Wie viele Runden kann Bastian in $3\frac{1}{2}\,h$ spielen?

Rechnung: $3\frac{1}{2} : 1\frac{2}{5} = \frac{7}{2} : \frac{7}{5} = \frac{7}{2} \cdot \frac{5}{7} = \frac{5}{2} = 2\frac{1}{2}$

Antwort: Er schafft $2\frac{1}{2}$ Runden.

h) *Aufgabe:* $5\frac{1}{2}\,km \cdot \frac{5}{4}$

Rechengeschichte: Felix fährt mit dem Fahrrad zu seinem Freund Klestor. Er ist schon $5\frac{1}{2}\,km$ gefahren. Die gesamte Strecke ist $\frac{5}{4}$-mal so lang. Wie viel km wohnt Klestor von Felix entfernt?

Rechnung: $5\frac{1}{2} \cdot \frac{5}{4} = \frac{11}{2} \cdot \frac{5}{4} = \frac{55}{8} = 6\frac{7}{8}$

Antwort: Die Entfernung beträgt $6\frac{7}{8}\,km$, also 6,875 km.

i) *Aufgabe:* $45\frac{1}{2}\,t : 5\frac{1}{2}\,t$

Rechengeschichte: Beim Abriss eines Hauses entstehen $45\frac{1}{2}\,t$ Bauschutt. Ein Lkw kann $5\frac{1}{2}\,t$ Bauschutt transportieren. Wie viele Fahrten benötigt man?

Rechnung: $45\frac{1}{2} : 5\frac{1}{2} = \frac{91}{2} : \frac{11}{2} = \frac{91 \cdot 2}{2 \cdot 11} = \frac{91}{11} = 8\frac{3}{11}$

Antwort: Man benötigt 9 Fahrten. Auf der letzten Fahrt ist der Lkw nur zu $\frac{3}{11}$ voll.

j) *Aufgabe:* $2\frac{1}{2}\,h - \frac{3}{4}\,h$

Rechengeschichte: Eine Bahnfahrt dauert $2\frac{1}{2}$ Stunden. Eine dreiviertel Stunde ist schon vergangen. Wie lange dauert die Fahrt noch?

Rechnung: $2\frac{1}{2} - \frac{3}{4} = \frac{5}{2} - \frac{3}{4} = \frac{10}{4} - \frac{3}{4} = \frac{7}{4} = 1\frac{3}{4}$

Antwort: Die Bahnfahrt dauert noch $1\frac{3}{4}$ Stunden.

30. a) $\frac{2}{5} : \frac{8}{15} = \frac{3}{4}$
c) $\frac{1}{8} : \frac{5}{12} = \frac{3}{10}$
e) $\frac{4}{9} : 3\frac{1}{3} = \frac{2}{15}$
g) $12 : \frac{7}{8} = \frac{96}{7} = 13\frac{5}{7}$

b) $\frac{3}{7} : \frac{9}{14} = \frac{2}{3}$
d) $4\frac{1}{2} : \frac{3}{10} = 15$
f) $2\frac{1}{4} : 4\frac{1}{2} = \frac{1}{2}$
h) $\frac{4}{15} : 20 = \frac{1}{75}$

31. a) $\frac{\frac{3}{11}}{\frac{5}{7}} = \frac{21}{55}$
c) $\frac{\frac{4}{9}}{2\frac{1}{2}} = \frac{8}{45}$
e) $\frac{\frac{5}{8}}{11} = \frac{5}{88}$
g) $\frac{\frac{5}{2}}{\frac{3}{2}} = \frac{5}{3} = 1\frac{2}{3}$

b) $\frac{\frac{4}{7}}{9} = \frac{36}{7} = 5\frac{1}{7}$
d) $\frac{\frac{3}{5}}{\frac{8}{13}} = \frac{39}{40}$
f) $\frac{\frac{7}{2}}{4} = 14$
h) $\frac{\frac{2}{3}}{1\frac{1}{2}} = \frac{4}{9}$

32. a) $\frac{1}{3}$
b) $\frac{1}{3}$

170   *Das kann ich noch!*

A) **1)** $3 \cdot 7 - 5 = 21 - 5 = 16$

   $3 \cdot (7 - 5) = 3 \cdot 2 = 6$

2) $(18 + 2) \cdot 5 = 20 \cdot 5 = 100$

   $18 + 2 \cdot 5 = 18 + 10 = 28$

3) $25 - 5 : 5 = 25 - 1 = 24$

   $(25 - 5) : 5 = 20 : 5 = 4$

B) **1)** $5 \cdot (8 - 2 \cdot 3) + 7 = 17$

2) $(6 + 11) \cdot 2 - 4 = 30$

4) $(1 + 3)^2 = 4^2 = 16$

   $1 + 3^2 = 1 + 9 = 10$

5) $7^2 = 49$

   $7 \cdot 2 = 14$

6) $(4 + 1)^2 = 5^2 = 25$

   $4^2 + 1^2 = 16 + 1 = 17$

3) $52 - 4 \cdot (3 + 1) - 2 = 34$

Im Blickpunkt: Berechnen von Steuern und Abgaben mit Brüchen

171   **1. a)** 8 Lämmer; $\frac{2}{5}$ Efa Wein (16 l); $\frac{4}{5}$ Talent Weizen (32,8 kg); $\frac{1}{5}$ Talent Äpfel (8,2 kg)

   b) $8 \cdot 15 + \frac{1}{5} \cdot 8 \cdot 15 = 144$; Er muss 144 Silberschekel zahlen.

   c) *Beispiel:* Der Ernteertrag ist 100 Schekel wert.

   $100 \text{ Schekel} \cdot \frac{1}{10} + \left(100 \text{ Schekel} \cdot \frac{1}{10} \right) \cdot \frac{1}{5}$

   $= 100 \text{ Schekel} \cdot \frac{1}{10} + 100 \text{ Schekel} \cdot \frac{1}{50}$

   $= 100 \text{ Schekel} \cdot \left(\frac{1}{10} + \frac{1}{50} \right)$

   $= 100 \text{ Schekel} \cdot \frac{6}{50}$

   $= 100 \text{ Schekel} \cdot \frac{3}{25}$

   Man muss den Gesamtwert des Ernteertrags mit $\frac{3}{25}$ multiplizieren.

172   **2. a)** $2\frac{1}{2} - \frac{1}{10} \cdot 2\frac{1}{2} = \frac{5}{2} - \frac{1}{10} \cdot \frac{5}{2} = \frac{5}{2} - \frac{1}{4} = \frac{10}{4} - \frac{1}{4} = \frac{9}{4} = 2\frac{1}{4}$

   $2\frac{1}{4} - \frac{1}{3} \cdot 2\frac{1}{4} = \frac{9}{4} - \frac{1}{3} \cdot \frac{9}{4} = \frac{9}{4} - \frac{3}{4} = \frac{6}{4} = 1\frac{1}{2}$

   Für einen Zentner Ware wurden $1\frac{1}{2}$ Kreuzer Zoll erhoben.

   b) **(1)** 18 Kreuzer

   (2) $\frac{3}{4}$ Kreuzer = 3 Pfennige

   (3) $1\frac{1}{8}$ Kreuzer = 1 Kreuzer $\frac{1}{2}$ Pfennig = 1 Kreuzer 1 Heller

4.3 Rechnen mit Brüchen und Dezimalbrüchen

173 **Einstieg:**

Problem 1:

a) $0,5\,l - \frac{3}{8}\,l = \frac{1}{2}\,l - \frac{3}{8}\,l = \frac{4}{8}\,l - \frac{3}{8}\,l = \frac{1}{8}\,l = 0,125\,l$

b) $0,4 + \frac{1}{4} = \frac{2}{5} + \frac{1}{4} = \frac{8}{20} + \frac{5}{20} = \frac{13}{20}$

   $0,4 + \frac{1}{4} = 0,4 + 0,25 = 0,65$

c) $0,75 + \frac{3}{7} = \frac{3}{4} + \frac{3}{7} = \frac{21}{28} + \frac{12}{28} = \frac{33}{28} = 1\frac{5}{28}$

   $\frac{3}{7}$ kann man nicht in einen abbrechenden Dezimalbruch umwandeln.

Problem 2:

a) $\frac{5}{8}\,l + 1,5\,l = \frac{5}{8}\,l + \frac{12}{8}\,l = \frac{17}{8}\,l = 2\frac{1}{8}\,l = 2,125\,l$

b) $0,9 + \frac{3}{4} = \frac{9}{10} + \frac{3}{4} = \frac{18}{20} + \frac{15}{20} = \frac{33}{20} = 1\frac{13}{20}$

   $0,9 + \frac{3}{4} = 0,9 + 0,75 = 1,65$

c) $0,8 + \frac{5}{7} = \frac{4}{5} + \frac{5}{7} = \frac{28}{35} + \frac{25}{35} = \frac{53}{35} = 1\frac{18}{35}$

   $\frac{5}{7}$ kann man nicht in einen abbrechenden Dezimalbruch umwandeln.

Problem 3:

a) $\frac{3}{4} \cdot 0,95\,€ = \frac{3}{4} \cdot \frac{95}{100}\,€ = \frac{75}{100} \cdot \frac{95}{100}\,€ = \frac{57}{80}\,€ = 0,7125\,€ \approx 0,71\,€$

b) $0,4 \cdot \frac{3}{4} = \frac{2}{5} \cdot \frac{3}{4} = \frac{3}{10}$

   $0,4 \cdot \frac{3}{4} = 0,4 \cdot 0,75 = 0,3$

c) $0,6 \cdot \frac{3}{7} = \frac{3}{5} \cdot \frac{3}{7} = \frac{9}{35}$

   $\frac{3}{7}$ kann man nicht in einen abbrechenden Dezimalbruch umwandeln.

Problem 4:

a) $2,49\,€ : \frac{3}{4} = 2,49\,€ : 0,75 = 3,32\,€$

b) $\frac{5}{4} : 0,4 = \frac{5}{4} : \frac{2}{5} = \frac{5}{4} \cdot \frac{5}{2} = \frac{25}{8} = 3\frac{1}{8}$

   $\frac{5}{4} : 0,4 = 1,25 : 0,4 = 3,125$

   $0,4 : \frac{5}{4} = \frac{2}{5} : \frac{5}{4} = \frac{2}{5} \cdot \frac{4}{5} = \frac{8}{25}$

   $0,4 : \frac{5}{4} = 0,4 : 1,25 = 0,32$

c) $0,8 : \frac{7}{11} = \frac{4}{5} : \frac{7}{11} = \frac{4}{5} \cdot \frac{11}{7} = \frac{44}{35} = 1\frac{9}{35}$

   Sowohl $\frac{7}{11}$ als auch $\frac{11}{7}$ kann man nicht in einen abbrechenden Dezimalbruch umwandeln.

174

2. In der Regel ist das Addieren und Subtrahieren von Dezimalbrüchen besser. In b), c), g), h) und j) kann man die Brüche nicht in abbrechende Dezimalbrüche umwandeln. Dann rechnet man mit Brüchen.

a) $0,2 + 0,75 = 0,95$

$\frac{2}{10} + \frac{3}{4} = \frac{19}{20}$

b) $\frac{2}{10} + \frac{2}{3} = \frac{26}{30} = \frac{13}{15}$

c) $\frac{3}{4} - \frac{5}{12} = \frac{4}{12} = \frac{1}{3}$

d) $0,75 - 0,25 = 0,5$

$\frac{3}{4} - \frac{1}{4} = \frac{2}{4} = \frac{1}{2}$

e) $0,125 + 0,75 = 0,875$

$\frac{1}{8} + \frac{3}{4} = \frac{7}{8}$

f) $\frac{1}{8} + \frac{7}{10} = \frac{33}{40}$

$0,125 + 0,7 = 0,825$

g) $\frac{1}{3} + \frac{3}{10} = \frac{19}{30}$

h) $\frac{7}{10} + \frac{1}{15} = \frac{23}{30}$

i) $0,9 - 0,12 = 0,78$

$\frac{9}{10} - \frac{3}{25} = \frac{39}{50}$

j) $\frac{7}{9} - \frac{3}{10} = \frac{43}{90}$

3. a) $\frac{3}{4} \cdot 0,7 = \frac{3}{4} \cdot \frac{7}{10} = \frac{21}{40}$

$\frac{3}{4} \cdot 0,7 = 0,75 \cdot 0,7 = 0,525$

b) $\frac{1}{3}$ lässt sich nicht als abbrechender Dezimalbruch schreiben.

$\frac{1}{3} \cdot 0,7 = \frac{1}{3} \cdot \frac{7}{10} = \frac{7}{30}$

c) Falls man einen Bruch nicht als abbrechenden Dezimalbruch schreiben kann, rechnet man mit Brüchen. Das Multiplizieren bzw. Dividieren von Brüchen ist manchmal günstiger.

(1) $\frac{1}{4} \cdot \frac{9}{10} = \frac{9}{40}$

$0,25 \cdot 0,9 = 0,225$

(2) $\frac{2}{3} \cdot \frac{7}{10} = \frac{14}{30} = \frac{7}{15}$

(3) $\frac{4}{10} : \frac{3}{2} = \frac{4}{10} \cdot \frac{2}{3} = \frac{8}{30} = \frac{4}{15}$

$0,4 : 1,5 = 0,2\overline{6}$

(4) $\frac{6}{10} : \frac{5}{100} = \frac{6}{10} \cdot \frac{100}{5} = \frac{60}{5} = 12$

$0,6 : 0,05 = 12$

(5) $\frac{15}{10} : \frac{25}{10} = \frac{15}{10} \cdot \frac{10}{25} = \frac{3}{5}$

$1,5 : 2,5 = 0,6$

(6) $4 : \frac{15}{10} = 4 \cdot \frac{10}{15} = \frac{40}{15} = 2\frac{2}{3}$

$4 : 1,5 = 2,\overline{6}$

(7) $\frac{3}{8} \cdot \frac{12}{10} = \frac{36}{80} = \frac{9}{20}$

$0,375 \cdot 1,2 = 0,45$

(8) $\frac{2}{9} \cdot \frac{14}{10} = \frac{28}{90} = \frac{14}{45}$

(9) $\frac{2}{7} \cdot 5 = \frac{10}{7} = 1\frac{3}{7}$

(10) $7 : \frac{3}{4} = 7 \cdot \frac{4}{3} = \frac{28}{3} = 9\frac{1}{3}$

$7 : 0,75 = 9,\overline{3}$

175

4. a) Jonas hat mit Brüchen und Linda mit Dezimalbrüchen gerechnet.

b) (1) $15 \cdot 0,7\,l = 10,5\,l$ oder $15 \cdot \frac{7}{10}\,l = \frac{105}{10}\,l = 10\frac{1}{2}\,l$

(2) $4 \cdot \frac{3}{8}\,l = \frac{3}{2}\,l = 1\frac{1}{2}\,l$ oder $4 \cdot 0,375\,l = 1,5\,l$

175

5. a) $\frac{2}{3} \cdot 1,5\,l = \frac{2}{3} \cdot \frac{15}{10}\,l = \frac{30}{30}\,l = 1\,l$

b) $\frac{4}{5} \cdot 0,7\,l = \frac{4}{5} \cdot \frac{7}{10}\,l = \frac{28}{50}\,l = \frac{14}{25}\,l = 0,56\,l$

oder

$0,8 \cdot 0,7\,l = 0,56\,l$

c) $2\frac{1}{2} \cdot 0,04\,g = \frac{5}{2} \cdot \frac{4}{100}\,g = \frac{20}{200}\,g = \frac{1}{10}\,g = 0,1\,g$

oder

$2,5 \cdot 0,04\,g = 0,1\,g$

6. a) Z. B. Welchen Teil des Landes hat Herr Maier mit Rosen und welchen Teil mit Nelken bepflanzt?

Antwort: Er hat $\frac{6}{25}\,ha = 0,24\,ha$ mit Rosen und $\frac{1}{4}\,ha = 0,25\,ha$ mit Nelken bepflanzt.

b) Z. B.: Welcher Teil entfällt auf den Anbau von Blumen, welcher Teil auf die Züchtung von Gemüsepflanzen?

Antwort: $\frac{9}{10}\,ha = 0,9\,ha$ entfällt auf den Anbau von Blumen, $\frac{3}{50}\,ha = 0,06\,ha$ auf die Züchtung von Gemüsepflanzen.

7. a) $\frac{1}{5} \cdot \frac{3}{4} = \frac{3}{20}$

$0,2 \cdot 0,75 = 0,15$

f) $\frac{1}{5} : \frac{7}{10} = \frac{1}{5} \cdot \frac{10}{7} = \frac{2}{7}$

$0,2 : 0,7 = 0,\overline{285714}$

b) $\frac{3}{10} + \frac{2}{3} = \frac{29}{30}$

g) $\frac{3}{4} + \frac{1}{8} = \frac{7}{8}$

$0,75 + 0,125 = 0,875$

c) $\frac{3}{4} : \frac{5}{12} = \frac{3}{4} \cdot \frac{12}{5} = \frac{9}{5} = 1\frac{4}{5}$

$0,75 : \frac{5}{12} = 0,75 \cdot \frac{12}{5} = 0,75 \cdot 2,4 = 1,8$

h) $\frac{7}{10} : \frac{1}{15} = \frac{7}{10} \cdot \frac{15}{1} = \frac{21}{2} = 10\frac{1}{2}$

$0,7 : \frac{1}{15} = 0,7 \cdot 15 = 10,5$

d) $\frac{3}{4} - \frac{1}{4} = \frac{1}{2}$

$0,75 - 0,25 = 0,5$

i) $\frac{9}{10} - \frac{3}{25} = \frac{39}{50}$

$0,9 - 0,12 = 0,78$

e) $\frac{1}{8} \cdot \frac{3}{4} = \frac{3}{32}$

$0,125 \cdot 0,75 = 0,09375$

j) $\frac{3}{8} \cdot \frac{1}{4} = \frac{3}{32}$

$0,375 \cdot 0,25 = 0,09375$

8. –

Das kann ich noch!

A) Die erste Spielkarte hat eine senkrechte Symmetrieachse.

Die dritte Spielkarte hat eine senkrechte und eine waagerechte Symmetrieachse.

Die vierte Spielkarte hat eine waagerechte Symmetrieachse.

4.4 Berechnen von Termen

176

Einstieg:
1. Beispiel: $1,8 + 0,2 \cdot 0,7 = 1,8 + 0,14 = 1,94$ Jonas hat richtig gerechnet.
2. Beispiel: $\frac{4}{5} : \frac{2}{3} : \frac{1}{3} = \left(\frac{4}{5} : \frac{2}{3}\right) : \frac{1}{3} = \left(\frac{4}{5} \cdot \frac{3}{2}\right) : \frac{1}{3} = \frac{6}{5} \cdot \frac{3}{1} = \frac{18}{5} = 3\frac{3}{5}$
Maria hat richtig gerechnet.

2. a) $1,5 \cdot [3,7 - (1,2 - 0,5)] = 1,5 \cdot [3,7 - 0,7] = 1,5 \cdot 3 = 4,5$

b) $1\frac{3}{4} + \frac{3}{8} \cdot \left(\frac{2}{3}\right)^2 = 1\frac{3}{4} + \frac{3}{8} \cdot \frac{4}{9} = 1\frac{3}{4} + \frac{1}{6} = \frac{21}{12} + \frac{2}{12} = \frac{23}{12} = 1\frac{11}{12}$

3. a) $\frac{4+0,5}{2} = (4+0,5):2 = 4,5:2 = 2,25$

b) $\frac{4}{2 \cdot 0,8} = 4 : (2 \cdot 0,8) = 4 : 1,6 = 2,5$

177

4. a) $\underbrace{\left(\frac{1}{2} + \frac{1}{4}\right)}_{\text{Summe}} : \frac{1}{3} = \frac{3}{4} : \frac{1}{3} = \frac{3}{4} \cdot 3 = \frac{9}{4} = 2\frac{1}{4} = 2,25$

$\underbrace{\phantom{\left(\frac{1}{2} + \frac{1}{4}\right) : \frac{1}{3}}}_{\text{Quotient}}$

b) $\frac{3}{2} - \underbrace{\left(\frac{1}{2}\right)^2}_{\text{Potenz}} = \frac{3}{2} - \frac{1}{4} = \frac{5}{4} = 1\frac{1}{4} = 1,25$

$\underbrace{\phantom{\frac{3}{2} - \left(\frac{1}{2}\right)^2}}_{\text{Differenz}}$

5. a) $\left(3 \cdot \frac{3}{2}\right) + 0,5$
$= \frac{9}{2} + 0,5$
$= 4,5 + 0,5$
$= 5$

b)

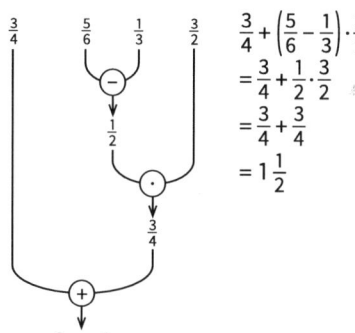

$\frac{3}{4} + \left(\frac{5}{6} - \frac{1}{3}\right) \cdot \frac{3}{2}$
$= \frac{3}{4} + \frac{1}{2} \cdot \frac{3}{2}$
$= \frac{3}{4} + \frac{3}{4}$
$= 1\frac{1}{2}$

6. a) $8\frac{7}{16}$ **b)** $7\frac{14}{15}$ **c)** $9\frac{3}{5}$ **d)** $\frac{16}{135}$ **e)** $10\frac{1}{15}$

7. a) $6\frac{1}{5}$ **b)** $\frac{7}{18}$ **c)** $\frac{1}{6}$ **d)** $2\frac{2}{5}$
$0,45$ $0,45$ 3 $0,51$

8. –

177 9. a) $\underbrace{\frac{2}{5} \cdot \frac{5}{8}}_{\text{Produkt}} + 0{,}5 = \frac{1}{4} + 0{,}5 = 0{,}25 + 0{,}5 = 0{,}75 = \frac{3}{4}$

$\underbrace{\phantom{\frac{2}{5} \cdot \frac{5}{8} + 0{,}5}}_{\text{Summe}}$

b) $\underbrace{\frac{5}{6} : \frac{2}{3}}_{\text{Quotient}} - \frac{3}{4} = \frac{5}{6} \cdot \frac{3}{2} - \frac{3}{4} = \frac{5}{4} - \frac{3}{4} = \frac{1}{2} = 0{,}5$

$\underbrace{\phantom{\frac{5}{6} : \frac{2}{3} - \frac{3}{4}}}_{\text{Differenz}}$

c) $2 \cdot \underbrace{0{,}49}_{\text{Produkt}} + 0{,}13 = 0{,}98 + 0{,}13 = 1{,}11$

$\underbrace{\phantom{2 \cdot 0{,}49 + 0{,}13}}_{\text{Summe}}$

d) $\underbrace{1{,}5 : \frac{1}{2}}_{\text{Quotient}} + 5 = 1{,}5 : 0{,}5 + 5 = 3 + 5 = 8$

$\underbrace{\phantom{1{,}5 : \frac{1}{2} + 5}}_{\text{Summe}}$

e) $\frac{2}{15} + \underbrace{\frac{3}{10} \cdot \frac{2}{9}}_{\text{Produkt}} = \frac{2}{15} + \frac{1}{15} = \frac{1}{5} = 0{,}2$

$\underbrace{\phantom{\frac{2}{15} + \frac{3}{10} \cdot \frac{2}{9}}}_{\text{Summe}}$

f) $5{,}1 - \underbrace{2{,}1 : 0{,}7}_{\text{Quotient}} = 5{,}1 - 3 = 2{,}1$

$\underbrace{\phantom{5{,}1 - 2{,}1 : 0{,}7}}_{\text{Differenz}}$

g) $\frac{7}{3} - \underbrace{\frac{2}{3} : \frac{1}{3}}_{\text{Quotient}} = \frac{7}{3} - 2 = \frac{1}{3}$

$\underbrace{\phantom{\frac{7}{3} - \frac{2}{3} : \frac{1}{3}}}_{\text{Differenz}}$

h) $\frac{4}{5} + \underbrace{\frac{3}{2} \cdot 0{,}4}_{\text{Produkt}} = 0{,}8 + 1{,}5 \cdot 0{,}4 = 0{,}8 + 0{,}6 = 1{,}4 = 1\frac{2}{5}$

$\underbrace{\phantom{\frac{4}{5} + \frac{3}{2} \cdot 0{,}4}}_{\text{Summe}}$

i) $7 - \underbrace{1{,}4 \cdot 0{,}3}_{\text{Produkt}} = 7 - 0{,}42 = 6{,}58$

$\underbrace{\phantom{7 - 1{,}4 \cdot 0{,}3}}_{\text{Differenz}}$

j) $4\frac{5}{6} + \underbrace{\frac{3}{5} : \frac{2}{25}}_{\text{Quotient}} = 4\frac{5}{6} + \frac{15}{2} = 4\frac{5}{6} + 7\frac{1}{2} = 12\frac{1}{3}$

$\underbrace{\phantom{4\frac{5}{6} + \frac{3}{5} : \frac{2}{25}}}_{\text{Summe}}$

177

9. k) $\underbrace{\dfrac{7}{6}:\dfrac{2}{3}}_{\text{Quotient}}+\dfrac{1}{4}=\dfrac{7}{6}\cdot\dfrac{3}{2}+\dfrac{1}{4}=\dfrac{7}{4}+\dfrac{1}{4}=2$

$\underbrace{\phantom{\dfrac{7}{6}:\dfrac{2}{3}+\dfrac{1}{4}}}_{\text{Summe}}$

l) $5-\underbrace{7,6:1,9}_{\text{Quotient}}=5-4=1$

$\underbrace{}_{\text{Differenz}}$

10. $\left(\dfrac{3}{8}+\dfrac{1}{2}\right):6=\dfrac{7}{48}$ \qquad Jedes Glas enthält $\dfrac{7}{48}$ l.

11. $1\dfrac{1}{4}+2\cdot\dfrac{1}{8}+\dfrac{1}{4}=\dfrac{7}{4}=1\dfrac{3}{4}$ \qquad Man erhält $1\dfrac{3}{4}$ l Suppe.

178

12. $5\,l-\left(7\cdot\dfrac{1}{4}\,l+3\cdot\dfrac{1}{8}\,l\right)=5\,l-\left(\dfrac{7}{4}\,l+\dfrac{3}{8}\,l\right)=5\,l-\dfrac{17}{8}\,l=\dfrac{23}{8}\,l=2\dfrac{7}{8}\,l=2,875\,l$

13. a) $\dfrac{7}{16}$ \qquad **c)** $\dfrac{15}{11}=1\dfrac{4}{11}$ \qquad **e)** $\dfrac{387}{110}=3\dfrac{57}{110}$

b) $9,3$ \qquad **d)** $\dfrac{4}{3}=1\dfrac{1}{3}$ \qquad **f)** $\dfrac{131}{30}=4\dfrac{11}{30}$

14. a) 1 \qquad **b)** $1,04$ \qquad **c)** $\dfrac{2}{27}$ \qquad **d)** $\dfrac{3}{5}$ \qquad **e)** $\dfrac{1}{50}$ \qquad **f)** 0

15. a) $\dfrac{1}{2}$ \qquad **b)** $\dfrac{5}{8}$ \qquad **c)** 5 \qquad **d)** $\dfrac{1}{5}$ \qquad **e)** $\dfrac{1}{3}$ \qquad **f)** 1

16. a) $\dfrac{1}{7}$ \qquad **c)** $\dfrac{4}{15}$ \qquad **e)** $\dfrac{15}{16}$ \qquad **g)** 1 \qquad **i)** $\dfrac{1}{8}$ \qquad **k)** $\dfrac{2}{3}$

b) $\dfrac{1}{2}$ \qquad **d)** $2,25$ \qquad **f)** $\dfrac{20}{197}$ \qquad **h)** 1 \qquad **j)** $\dfrac{20}{27}$ \qquad **l)** $\left(\dfrac{25}{8}\right)^2=\dfrac{625}{64}=9\dfrac{49}{64}$

17. a) $\dfrac{5}{7}$ \qquad **b)** $\dfrac{1}{6}$ \qquad **c)** 20 \qquad **d)** $2\dfrac{1}{3}$ \qquad **e)** $\dfrac{9}{4}=2\dfrac{1}{4}$

18. a) $\left(\dfrac{3}{4}+\dfrac{1}{2}\right)\cdot\dfrac{2}{5}=\dfrac{1}{2}$

b) $(0,51-0,11):\dfrac{1}{3}=\dfrac{6}{5}=1\dfrac{1}{5}=1,2$

c) $0,5:0,4-0,5\cdot0,4=1,05$

d) $\left(\dfrac{1}{3}+\dfrac{2}{7}\right):\left(\dfrac{1}{3}\cdot\dfrac{2}{7}\right)=\dfrac{13}{2}=6\dfrac{1}{2}$

e) $\dfrac{1}{3}+0,5+0,25+\dfrac{1}{3}\cdot0,5\cdot0,25=\dfrac{9}{8}=1\dfrac{1}{8}=1,125$

f) $1-\left(\dfrac{3}{4}\right)^3=\dfrac{37}{64}=0,578125$

g) $10\cdot(0,2)^3=0,08$

178

19. a) $\left(\frac{2}{3} \cdot \frac{3}{8} + \frac{1}{2}\right) : \frac{1}{6} = \frac{9}{2} = 4\frac{1}{2} = 4,5$

  b) $\left(\frac{9}{10} + \frac{1}{2}\right) : \left(0,2 + \frac{3}{10}\right) = \frac{14}{5} = 2\frac{4}{5} = 2,8$

  c) $4 - \left[1\frac{1}{2} \cdot \left(3\frac{3}{4} - 2,25\right)\right] = \frac{7}{4} = 1\frac{3}{4} = 1,75$

179

20. a) Dividiere 7 durch die Summe aus $\frac{3}{5}$ und $\frac{1}{10}$.

$7 : \left(\frac{3}{5} + \frac{1}{10}\right) = 10$

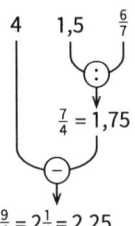

b) Addiere zum Produkt der Zahlen $\frac{3}{5}$ und $\frac{1}{6}$ die Zahl $\frac{7}{10}$.

$\frac{3}{5} \cdot \frac{1}{6} + \frac{7}{10} = \frac{4}{5}$

c) Subtrahiere den Quotienten der Zahlen 1,5 und $\frac{6}{7}$ von der Zahl 4.

$4 - 1,5 : \frac{6}{7} = \frac{9}{4} = 2\frac{1}{4} = 2,25$

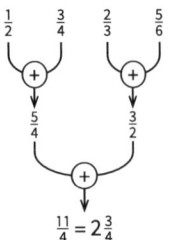

d) Multipliziere die Differenz der Zahlen $\frac{1}{3}$ und $\frac{1}{5}$ mit der 2. Potenz von $\frac{3}{5}$.

$\left(\frac{1}{3} - \frac{1}{5}\right) \cdot \left(\frac{3}{5}\right)^2 = \frac{6}{125}$

e) Addiere die Summe aus $\frac{1}{2}$ und $\frac{3}{4}$ und die Summe aus $\frac{2}{3}$ und $\frac{5}{6}$.

$\left(\frac{1}{2} + \frac{3}{4}\right) + \left(\frac{2}{3} + \frac{5}{6}\right) = \frac{11}{4} = 2\frac{3}{4}$

f) Dividiere die Differenz der Zahlen $\frac{7}{9}$ und $\frac{1}{3}$ durch die Differenz der Zahlen 0,9 und 0,8.

$\left(\frac{7}{9} - \frac{1}{3}\right) : (0,9 - 0,8) = \frac{40}{9} = 4\frac{4}{9}$

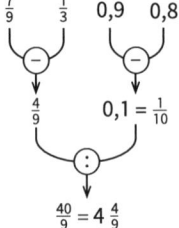

179

20. g) Dividiere das Produkt aus 1,4 und der Differenz der Zahlen 0,6 und 0,1 durch die Zahl $\frac{2}{3}$.

$1,4 \cdot (0,6 - 0,1) : \frac{2}{3} = \frac{21}{20} = 1\frac{1}{20} =$ 1,05

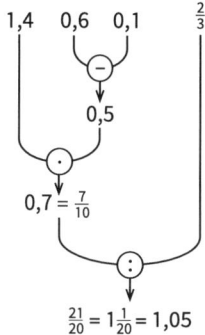

h) Subtrahiere vom Produkt aus $\frac{1}{2}$ und der Summe aus $\frac{4}{5}$ und $\frac{2}{3}$ die Differenz der Zahlen $\frac{3}{4}$ und $\frac{3}{12}$.

$\frac{1}{2} \cdot \left(\frac{4}{5} + \frac{2}{3}\right) - \left(\frac{3}{4} - \frac{3}{12}\right) = \frac{7}{30}$

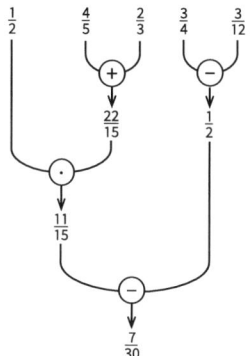

21. a) $\left(\frac{3}{5} + \frac{2}{3}\right) \cdot \frac{12}{19} = \frac{4}{5}$

   b) $\left(6 - \frac{3}{4}\right) : \frac{7}{8} = 6$

   c) $\frac{1}{5} \cdot \left(\frac{1}{2} + \frac{1}{3}\right) \cdot \frac{6}{11} = \frac{1}{11}$

   d) $\frac{1}{5} \cdot \left(\frac{1}{2} + \frac{1}{3} \cdot \frac{6}{11}\right) = \frac{3}{22}$

   e) $\left(\frac{3}{5} + \frac{12}{5}\right) : \left(\frac{3}{8} : \frac{9}{4}\right) = 18$

   f) $\left(\frac{3}{5} + \frac{12}{5}\right) : \frac{3}{8} : \frac{9}{4} = \frac{32}{9} = 3\frac{5}{9}$

22. a) $\frac{1}{3} \cdot \frac{6}{7} = \frac{2}{7}$ b) $\frac{1}{2} \cdot \frac{2}{3} = \frac{1}{3}$ c) $\frac{2}{5} \cdot \frac{3}{4} = \frac{3}{10}$

23. $\frac{450}{1\,200} = \frac{3}{8}$; $\frac{2}{3} \cdot \frac{3}{8} = \frac{1}{4}$; $\frac{1}{4}$ aller gezählten Autos waren Lkw, die nach Kassel fuhren.

24. $100 : \left(\frac{9}{10} \cdot 7,5\right) = 14\frac{22}{27}$; also 15-mal.

25. $\frac{3}{4} \cdot \frac{2}{3} + \frac{2}{3} \cdot \frac{1}{3} = \frac{13}{18}$ Es sind $\frac{13}{18}$ aller Kinder, also mehr als $\frac{2}{3}$ aller Kinder krank.

26. a) *Rechengeschichte:* Herr Grobe kauft für die Einzäunung seines Grundstücks 3 Rollen stärkeren Draht und 6 Rollen dünneren Draht. Vom starken Draht sind auf einer Rolle 4 m, vom dünneren Draht 12 m. Wie viel m Draht sind das insgesamt?
Rechnung: $3 \cdot 4\,\text{m} + 6 \cdot 12\,\text{m} = 84\,\text{m}$
Antwort: Herr Grobe kauft insgesamt 84 m Draht.

   b) *Rechengeschichte:* Jan isst ein Drittel von 600 g Pudding. Julia die Hälfte eines 150-g-Bechers Joghurt. Wie viel mehr hat Jan gegessen?
Rechnung: $\frac{1}{3} \cdot 600\,\text{g} - \frac{1}{2} \cdot 150\,\text{g} = 125\,\text{g}$
Antwort: Jan hat 125 g mehr gegessen.

179   26. c) *Rechengeschichte:* 15 kg Kies werden auf drei Behälter verteilt. Frau Fuhrhop kauft einen Behälter und mischt dazu noch 6 kg Sand. Wie viel wiegt die Mischung?
Rechnung: 15 kg : 3 + 6 kg = 11 kg
Antwort: Die Mischung wiegt 11 kg.

   d) *Rechengeschichte:* Eine Fliese ist 8 cm lang und 4 cm breit. Herr Haas kauft 7 dieser Fliesen. Wie viel cm² sind das?
Rechnung: 8 cm · 4 cm · 7 = 224 cm²
Antwort: Die Fliesen sind insgesamt 224 cm² groß.

   e) *Rechengeschichte:* Ein kleiner Garten besteht aus 17 m² Rasen und 4 m² Wegfläche. Felix trennt für seine Kaninchen einen 6,5 m langen und 2,5 m breiten Auslauf ab. Wie viel m² sind noch übrig?
Rechnung: 17 m² + 4 m² − 6,5 m · 2,5 m = 4,75 m²
Antwort: Es sind nur noch 4,75 m² übrig.

   f) *Rechengeschichte:* Tim hat 14 Streifen Goldpapier. Ein Streifen ist 12 cm lang und 30 mm breit. Wie viel cm² Goldpapier hat Tim?
Rechnung: 14 · 12 cm · 30 mm = 14 · 12 cm · 3 cm = 504 cm²
Antwort: Tim hat 504 cm² Goldpapier

   27. –

4.5 Rechengesetze für Multiplikation und Division

4.5.1 Kommutativgesetz und Assoziativgesetz der Multiplikation

180   **Einstieg:**
Kevin berechnet zunächst das Produkt der ersten beiden Faktoren, Tara das Produkt der beiden letzten Faktoren. Tara kann dadurch besser kürzen und erhält Zwischenergebnisse mit kleineren Nennern.

181   2. a) (1) $\frac{7}{20}; \frac{7}{20}$ (2) $\frac{5}{3}; \frac{5}{3}$
Das Ergebnis bleibt trotz Vertauschung der Rechenschritte gleich.

   b) (1) $\frac{3}{4} \cdot \frac{7}{6} \cdot \frac{2}{5} = \frac{3 \cdot 7 \cdot 2}{4 \cdot 6 \cdot 5} = \frac{7 \cdot 3 \cdot 2}{6 \cdot 4 \cdot 5} = \frac{7}{20}$ $\frac{3}{4} \cdot \frac{2}{5} \cdot \frac{7}{6} = \frac{3 \cdot 2 \cdot 7}{4 \cdot 5 \cdot 6} = \frac{2 \cdot 3 \cdot 7}{4 \cdot 5 \cdot 6} = \frac{7}{20}$

   (2) $\frac{2}{3} \cdot \frac{5}{4} \cdot \frac{2}{1} = \frac{2 \cdot 5 \cdot 2}{3 \cdot 4 \cdot 1} = \frac{5 \cdot 2 \cdot 2}{4 \cdot 3 \cdot 1} = \frac{5}{3}$ $\frac{2}{3} \cdot \frac{2}{1} \cdot \frac{5}{4} = \frac{2 \cdot 2 \cdot 5}{3 \cdot 1 \cdot 4} = \frac{5 \cdot 2 \cdot 2}{4 \cdot 3 \cdot 1} = \frac{5}{3}$

   3. a) $\left(\frac{6}{25} \cdot \frac{5}{3}\right) \cdot \frac{8}{7} = \frac{16}{35}$ c) $\left(\frac{12}{5} \cdot \frac{12}{35}\right) \cdot \frac{10}{9} = \frac{32}{35}$

   $\left(\frac{20}{21} \cdot \frac{7}{10}\right) \cdot \frac{9}{11} = \frac{6}{11}$ $\left(\frac{9}{26} \cdot \frac{13}{27}\right) \cdot \frac{17}{23} = \frac{17}{138}$

   b) $\frac{13}{7} \cdot \left(\frac{9}{40} \cdot \frac{10}{9}\right) = \frac{13}{28}$ d) $(2,5 \cdot 4) \cdot 0,7 = 7$

   $\frac{9}{5} \cdot \left(\frac{11}{8} \cdot \frac{4}{11}\right) = \frac{9}{10}$ $(0,4 \cdot 2,5) \cdot 3,4 = 3,4$

181

4. a) $\frac{4}{9} \cdot \frac{9}{4} \cdot \frac{5}{7} \cdot \frac{3}{11} = \frac{15}{77}$

$\frac{15}{4} \cdot \frac{4}{15} \cdot \frac{6}{7} \cdot \frac{7}{12} = \frac{1}{2}$

b) $\frac{14}{5} \cdot \frac{15}{7} \cdot \frac{22}{3} \cdot \frac{18}{11} = 72$

$\frac{21}{4} \cdot \frac{12}{7} \cdot \frac{26}{5} \cdot \frac{15}{13} = 54$

c) $0{,}4 \cdot 2{,}5 \cdot 2 \cdot 1{,}5 \cdot 3{,}4 = 10{,}2$

$1{,}25 \cdot 8 \cdot 1{,}5 \cdot 5{,}9 = 88{,}5$

d) $\frac{25}{4} \cdot \frac{16}{5} \cdot \frac{9}{8} \cdot \frac{32}{3} = 240$

$\frac{5}{6} \cdot \frac{4}{5} \cdot \frac{7}{8} \cdot \frac{6}{7} \cdot \frac{3}{4} = \frac{3}{8}$

5. a) $\frac{3}{5} \cdot \frac{5}{3} : \frac{8}{17} = \frac{17}{8} = 2\frac{1}{8}$

b) $\frac{25}{44} \cdot \frac{11}{5} : \frac{35}{36} = \frac{9}{7} = 1\frac{2}{7}$

c) $\frac{8}{9} \cdot \frac{4}{9} : \frac{17}{7} = \frac{34}{7} = 4\frac{6}{7}$

d) $\frac{8}{39} : \frac{2}{13} \cdot \frac{5}{9} = \frac{20}{27}$

e) $\frac{10}{7} : \frac{5}{7} \cdot \frac{3}{11} = \frac{6}{11}$

f) $\frac{21}{38} : \frac{7}{19} \cdot \frac{10}{9} = \frac{5}{3} = 1\frac{2}{3}$

g) $\frac{5}{9} \cdot \frac{9}{5} : \frac{9}{7} = \frac{7}{9}$

h) $\frac{7}{8} \cdot \frac{3}{4} : \frac{21}{64} = 2$

i) $2\frac{4}{9} : 1\frac{2}{9} \cdot \frac{3}{5} = \frac{6}{5} = 1\frac{1}{5}$

6. –

4.5.2 Distributivgesetze

Einstieg:

1. Weg: $\frac{2}{5} \cdot 1\frac{1}{4} + \frac{2}{5} \cdot \frac{5}{8} = \frac{2}{5} \cdot \frac{5}{4} + \frac{2}{5} \cdot \frac{5}{8} = \frac{1}{2} + \frac{1}{4} = \frac{3}{4}$

2. Weg: $\frac{2}{5} \cdot \left(1\frac{1}{4} + \frac{5}{8}\right) = \frac{2}{5} \cdot \left(\frac{10}{8} + \frac{5}{8}\right) = \frac{2}{5} \cdot \frac{15}{8} = \frac{3}{4}$

Es werden $\frac{3}{4}$ m² vom roten Stoff benötigt.

182

2. a) Wenn man eine Summe oder Differenz durch einen Faktor dividieren soll, dann kann man auch jede Zahl der Summe bzw. der Differenz durch diesen Faktor dividieren und dann die Ergebnisse addieren bzw. subtrahieren.

b) (1) $\frac{19}{17} : \frac{19}{17} + \frac{38}{17} : \frac{19}{17} = 1 + 2 = 3$

(2) $\left(\frac{10}{3} - \frac{7}{3}\right) : \frac{17}{15} = \frac{3}{3} : \frac{17}{15} = 1 : \frac{17}{15} = \frac{15}{17}$

183

3. a) $\frac{4}{5} \cdot \left(\frac{5}{8} + \frac{15}{4}\right)$

$= \frac{4}{5} \cdot \left(\frac{5}{8} + \frac{30}{8}\right)$

$= \frac{4}{5} \cdot \frac{35}{8}$

$= \frac{7}{2} = 3\frac{1}{2}$

$\frac{4}{5} \cdot \left(\frac{5}{8} + \frac{15}{4}\right)$

$= \frac{4}{5} \cdot \frac{5}{8} + \frac{4}{5} \cdot \frac{15}{4}$

$= \frac{20}{40} + \frac{60}{20}$

$= \frac{1}{2} + \frac{3}{1}$

$= \frac{7}{2} = 3\frac{1}{2}$

Der 1. Weg ist vorteilhafter.

b) $\frac{45}{14} \cdot \left(\frac{14}{15} - \frac{7}{9}\right)$

$= \frac{45}{14} \cdot \left(\frac{42}{45} - \frac{35}{45}\right)$

$= \frac{45}{14} \cdot \frac{7}{45}$

$= \frac{1}{2}$

$\frac{45}{14} \cdot \left(\frac{14}{15} - \frac{7}{9}\right)$

$= \frac{45}{14} \cdot \frac{14}{15} - \frac{45}{14} \cdot \frac{7}{9}$

$= 3 - \frac{5}{2}$

$= \frac{1}{2}$

Der 2. Weg ist vorteilhafter.

183   **3. c)**

$$\frac{3}{11}\cdot\left(\frac{4}{7}-\frac{5}{21}\right) \qquad \frac{3}{11}\cdot\left(\frac{4}{7}-\frac{5}{21}\right)$$

$$=\frac{3}{11}\cdot\left(\frac{12}{21}-\frac{5}{21}\right) \qquad =\frac{3}{11}\cdot\frac{4}{7}-\frac{3}{11}\cdot\frac{5}{21}$$

$$=\frac{3}{11}\cdot\frac{7}{21} \qquad\qquad =\frac{12}{77}-\frac{5}{77}=\frac{7}{77}$$

$$=\frac{1}{11} \qquad\qquad\qquad =\frac{1}{11}$$

Der 1. Weg ist vorteilhafter.

d)

$$\left(\frac{8}{5}+\frac{2}{3}\right):\frac{8}{15} \qquad \left(\frac{8}{5}+\frac{2}{3}\right):\frac{8}{15}$$

$$=\left(\frac{24}{15}+\frac{10}{15}\right)\cdot\frac{15}{8} \qquad =\frac{8}{5}\cdot\frac{15}{8}+\frac{2}{3}\cdot\frac{15}{8}$$

$$=\frac{34}{15}\cdot\frac{15}{8} \qquad\qquad =3+\frac{5}{4}$$

$$=\frac{17}{4} \qquad\qquad\qquad =4\frac{1}{4}$$

$$4\frac{1}{4}$$

Der 2. Weg ist vorteilhafter.

e)

$$\left(\frac{3}{4}-\frac{1}{7}\right):\frac{3}{28} \qquad \left(\frac{3}{4}-\frac{1}{7}\right):\frac{3}{28}$$

$$=\left(\frac{21}{28}-\frac{4}{28}\right)\cdot\frac{28}{3} \qquad =\frac{3}{4}\cdot\frac{28}{3}-\frac{1}{7}\cdot\frac{28}{3}$$

$$=\frac{17}{28}\cdot\frac{28}{3} \qquad\qquad =7-\frac{4}{3}$$

$$=\frac{17}{3} \qquad\qquad\qquad =\frac{17}{3}$$

$$=5\frac{2}{3} \qquad\qquad\qquad =5\frac{2}{3}$$

Der 2. Weg ist vorteilhafter.

f)

$$\left(\frac{3}{8}+\frac{1}{2}\right):\frac{7}{5} \qquad \left(\frac{3}{8}+\frac{1}{2}\right):\frac{7}{5}$$

$$=\left(\frac{3}{8}+\frac{4}{8}\right)\cdot\frac{5}{7} \qquad =\frac{3}{8}\cdot\frac{5}{7}+\frac{1}{2}\cdot\frac{5}{7}$$

$$=\frac{7}{8}\cdot\frac{5}{7} \qquad\qquad =\frac{15}{56}+\frac{5}{14}$$

$$=\frac{5}{8} \qquad\qquad\qquad =\frac{15}{56}+\frac{20}{56}$$

$$\qquad\qquad\qquad\qquad =\frac{35}{56}$$

$$\qquad\qquad\qquad\qquad =\frac{5}{8}$$

Der 1. Weg ist vorteilhafter.

g)

$$\frac{1}{3}\cdot\left(\frac{3}{5}-\frac{3}{10}\right) \qquad \frac{1}{3}\cdot\left(\frac{3}{5}-\frac{3}{10}\right)$$

$$=\frac{1}{3}\cdot\left(\frac{6}{10}-\frac{3}{10}\right) \qquad =\frac{1}{3}\cdot\frac{3}{5}-\frac{1}{3}\cdot\frac{3}{10}$$

$$=\frac{1}{3}\cdot\frac{3}{10} \qquad\qquad =\frac{3}{15}-\frac{3}{30}$$

$$=\frac{3}{30} \qquad\qquad\qquad =\frac{6}{30}-\frac{3}{30}$$

$$=\frac{1}{10} \qquad\qquad\qquad =\frac{3}{30}$$

$$\qquad\qquad\qquad\qquad =\frac{1}{10}$$

Der 1. Weg ist vorteilhafter.

h)

$$\left(\frac{9}{8}-\frac{1}{4}\right)\cdot\frac{1}{7} \qquad \left(\frac{9}{8}-\frac{1}{4}\right)\cdot\frac{1}{7}$$

$$=\left(\frac{9}{8}-\frac{2}{8}\right)\cdot\frac{1}{7} \qquad =\frac{9}{8}\cdot\frac{1}{7}-\frac{1}{4}\cdot\frac{1}{7}$$

$$=\frac{7}{8}\cdot\frac{1}{7} \qquad\qquad =\frac{9}{56}-\frac{1}{28}$$

$$=\frac{7}{56} \qquad\qquad\qquad =\frac{9}{56}-\frac{2}{56}$$

$$=\frac{1}{8} \qquad\qquad\qquad =\frac{7}{56}$$

$$\qquad\qquad\qquad\qquad =\frac{1}{8}$$

Der 1. Weg ist vorteilhafter.

i)

$$\left(\frac{7}{5}-\frac{5}{13}\right):5 \qquad \left(\frac{7}{5}-\frac{5}{13}\right):5$$

$$=\left(\frac{91}{65}-\frac{25}{65}\right):5 \qquad =\frac{7}{5}:5-\frac{5}{13}:5$$

$$=\frac{66}{65}:5 \qquad\qquad =\frac{7}{25}-\frac{1}{13}$$

$$=\frac{66}{325} \qquad\qquad\qquad =\frac{66}{325}$$

Der 1. Weg ist vorteilhafter.

j)

$$\left(\frac{8}{9}-\frac{5}{18}\right):\frac{1}{3} \qquad \left(\frac{8}{9}-\frac{5}{18}\right):\frac{1}{3}$$

$$=\left(\frac{16}{18}-\frac{5}{18}\right)\cdot3 \qquad =\frac{8}{9}\cdot3-\frac{5}{18}\cdot3$$

$$=\frac{11}{18}\cdot3 \qquad\qquad =\frac{8}{3}-\frac{5}{6}$$

$$=\frac{11}{6} \qquad\qquad\qquad =\frac{16}{6}-\frac{5}{6}$$

$$=1\frac{5}{6} \qquad\qquad\qquad =\frac{11}{6}$$

$$\qquad\qquad\qquad\qquad =1\frac{5}{6}$$

Der 1. Weg ist vorteilhafter.

4. a) $\frac{14}{9}=1\frac{5}{9}$ **c)** $\frac{19}{11}=1\frac{8}{11}$ **e)** 1 **g)** $\frac{10}{3}=3\frac{1}{3}$

    b) $\frac{5}{3}=1\frac{2}{3}$ **d)** $\frac{17}{7}=2\frac{3}{7}$ **f)** $\frac{7}{79}$ **h)** $\frac{5}{4}=1\frac{1}{4}$

183

5. Günstig ist z. B.:

$$\frac{8}{9} \cdot \left(\frac{1}{3} + \frac{2}{3}\right)$$
$$= \frac{8}{9} \cdot 1$$
$$= \frac{8}{9}$$

Ungünstig ist z. B.:

$$\frac{7}{8} \cdot \left(\frac{4}{21} - \frac{8}{49}\right)$$
$$= \frac{7}{8} \cdot \left(\frac{28}{147} - \frac{24}{147}\right)$$
$$= \frac{7}{8} \cdot \frac{4}{147}$$
$$= \frac{1}{42}$$

6. a)

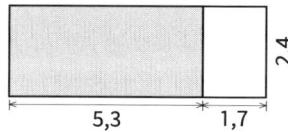

b)

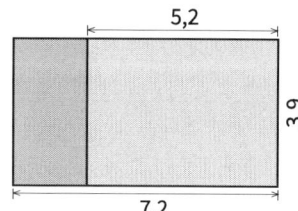

7. a) $\frac{4}{9} \cdot \left(\frac{3}{7} + \frac{4}{7}\right)$
$= \frac{4}{9} \cdot 1$
$= \frac{4}{9}$

d) $\left(\frac{11}{25} + \frac{3}{25}\right) \cdot \frac{3}{7}$
$= \frac{14}{25} \cdot \frac{3}{7}$
$= \frac{6}{25}$

g) $\left(\frac{8}{9} + \frac{4}{3}\right) : \frac{2}{3}$
$= \left(\frac{8}{9} + \frac{12}{9}\right) : \frac{2}{3}$
$= \frac{20}{9} : \frac{2}{3}$
$= \frac{10}{3}$
$= 3\frac{1}{3}$

b) $\frac{4}{5} \cdot \left(\frac{7}{9} - \frac{2}{9}\right)$
$= \frac{4}{5} \cdot \frac{5}{9}$
$= \frac{20}{45} = \frac{4}{9}$

e) $\left(\frac{15}{4} - \frac{10}{3}\right) \cdot \frac{12}{5}$
$= \left(\frac{45}{12} - \frac{40}{12}\right) \cdot \frac{12}{5}$
$= \frac{5}{12} \cdot \frac{12}{5}$
$= 1$

h) $\left(\frac{9}{10} - \frac{3}{20}\right) : \frac{3}{5}$
$= \left(\frac{18}{20} - \frac{3}{20}\right) : \frac{3}{5}$
$= \frac{15}{20} : \frac{3}{5}$
$= \frac{5}{4}$
$= 1\frac{1}{4}$

c) $\left(\frac{5}{8} + \frac{3}{8}\right) : \frac{2}{3}$
$= \frac{8}{8} : \frac{2}{3}$
$= \frac{3}{2} = 1\frac{1}{2}$

f) $\left(\frac{23}{7} - \frac{2}{7}\right) : \frac{3}{5}$
$= \frac{21}{7} : \frac{3}{5}$
$= 5$

i) $\left(\frac{5}{6} + \frac{1}{6}\right) : \frac{3}{7}$
$= \frac{6}{6} : \frac{3}{7}$
$= \frac{7}{3}$
$= 2\frac{1}{3}$

8. a) 194,35
b) 5,87675
c) 68,8608

d) 99,72
e) 1,3206
f) 99,753

g) 121,25
h) 24
i) 8,875

9. a) $\frac{11}{4} = 2\frac{3}{4}$
b) $\frac{11}{2} = 5\frac{1}{2}$

c) $\frac{2}{5}$
d) 2

e) $\frac{5}{6}$
f) $\frac{1}{3}$

g) $\frac{1}{5}$
h) $\frac{1}{3}$

183 10. a) $\left(2\frac{1}{2}+1\frac{3}{4}\right):\frac{1}{8}$ $2\frac{1}{2}:\frac{1}{8}+1\frac{3}{4}:\frac{1}{8}$ b) Das Distributivgesetz.

$=\left(\frac{5}{2}+\frac{7}{4}\right):\frac{1}{8}$ $=\frac{5}{2}:\frac{1}{8}+\frac{7}{4}:\frac{1}{8}$

$=\left(\frac{10}{4}+\frac{7}{4}\right):\frac{1}{8}$ $=20+14$

$=\frac{17}{4}:\frac{1}{8}$ $=34$

$=34$

Auf den Punkt gebracht: Problemlösestrategien „Beispiele finden", „Überprüfen durch Probieren"

184 1. (1) Lars: Sonntag, Mittwoch, Samstag, Dienstag, Freitag, Montag, Donnerstag, Sonntag, …
Yannic: Sonntag, Freitag, Mittwoch, Montag, Samstag, Donnerstag, Dienstag, Sonntag, …
(2) Lars: 3, 6, 9, 12, 15, 18, 21, 24, 27, 30, 33, …
Yannic: 5, 10, 15, 20, 25, 30, 35, 40, 45, 50, 55, …
(3) Bei Lars erhält man Vielfache von 3, bei Yannic Vielfache von 5. Zur Lösung des Problems benötigt man die gemeinsamen Vielfachen, das sind die Vielfachen von 15. Sie treffen sich also frühestens nach 15 Tagen wieder im Park.

2. Die Sonntage sind die Vielfachen von 7. Sie treffen sich also an einem Sonntag frühestens nach einer Anzahl von Tagen, die sowohl Vielfaches von 7 als auch Vielfaches von 15 ist, also nach 105 Tagen.

3. Die Anzahl der Münzen ist kleiner als 400 und ist ein Vielfaches von 7, da die Münzen bei sieben Enkeln ohne Rest verteilt werden können.
Da beim Verteilen an zwei Enkeln eine Münze übrig bleibt, ist die Anzahl ungerade.
Man könnte diese Zahlen neu aufschreiben:
7, 21, 35, 49, 63, 77, 91, 105, 119, 133, 147, 161, 175, 189, 203, 217, 231, 245, 259, 273, 287, 301, 315, 329, 343, 357, 371, 385, 399
Beim Verteilen an drei Enkel bleibt eine Münze übrig.
Es bleiben die Zahlen:
7, 49, 91, 133, 175, 217, 259, 301, 343, 385
Beim Verteilen an vier Enkel bleibt eine Münze übrig.
Es bleiben die Zahlen:
49, 133, 217, 301, 385
Beim Verteilen an fünf Enkel bleibt eine Münze übrig.
Es bleibt die Zahl 301. Auch beim Verteilen an sechs Enkel bleibt dann eine Münze übrig.
Man kann natürlich auch in einer ganz anderen Reihenfolge vorgehen.

185

4. **a)** Der Flächeninhalt eines Rechtecks ist das Produkt aus den Seitenlängen. Das Rechteck mit den Seitenlängen a und b + c ist genauso groß wie die Summe der Flächeninhalte aus den Rechtecken mit den Seitenlängen a und b sowie a und c. Also gilt: $a \cdot (b + c) = a \cdot b + a \cdot c$

b)

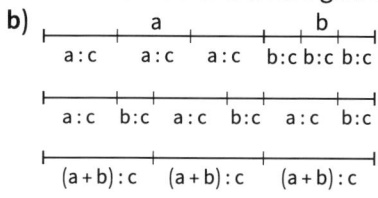

c) $(a \cdot b) : c = a : c \cdot b : c$ ist richtig.

185

5. –

6. Die Anzahl der Kamele ist ungerade:
1, 3, 5, 7, 9, 11, 13, 15, 17, 19, 21, 23, 25, 27, 29, 31, 33, 35, …
Bei Division durch 3 bleibt der Rest 2, also bleiben als mögliche Anzahlen nur noch: 5, 11, 17, 23, 29, 35, …
Bei Division durch 4 bleibt der Rest 3, also bleiben als mögliche Anzahlen nur noch: 11, 23, 35, …

7. $\dfrac{15}{28} : \dfrac{5}{7} = \dfrac{15}{28} \cdot \dfrac{7}{5} = \dfrac{15 \cdot 7}{28 \cdot 5} = \dfrac{15 \cdot 7 : 7}{28 \cdot 5 : 7} = \dfrac{15}{28 : 7 \cdot 5} = \dfrac{15 : 5}{28 : 7 \cdot 5 : 5} = \dfrac{15 : 5}{28 : 7}$

4.6 Vergleich der Zahlbereiche der natürlichen Zahlen und der Bruchzahlen

187

1. *Beispiele:*
   a) $\dfrac{5}{10}; \dfrac{6}{10}$ **c)** $\dfrac{3}{6}; \dfrac{4}{6}$ **e)** $\dfrac{65}{8}; \dfrac{66}{8}$ **g)** $\dfrac{109}{48}; \dfrac{110}{48}$ **i)** 7,23; 7,28
   b) $\dfrac{7}{10}; \dfrac{8}{10}$ **d)** $\dfrac{1}{9}; \dfrac{1}{10}$ **f)** $\dfrac{31}{330}; \dfrac{32}{330}$ **h)** 0,183; 0,184   **j)** 0,94; 1,09

2. **a)** 0 ist die kleinste natürliche Zahl.   **c)** Nein.
   b) 0 ist die kleinste gebrochene Zahl.   **d)** Nein.

3. **(1)** Die Vermutung stimmt. Der Dividend ist dann ein Vielfaches des Divisors.
   (2) Die Vermutung ist falsch. *Gegenbeispiel:* $\dfrac{1}{2} : \dfrac{1}{4} = 2$

4. **a)** Die Addition ist in der Menge der natürlichen Zahlen und in der Menge der von 0 verschiedenen gebrochenen Zahlen immer ausführbar.
   b) Die Subtraktion ist in beiden Fällen nicht immer ausführbar.
   c) Die Multiplikation ist in beiden Fällen immer ausführbar.

4.7 Aufgaben zur Vertiefung

188

1. a) $\frac{7}{10}l - \frac{1}{2}l - \frac{1}{8}l$ $\qquad$ $\frac{7}{10}l - \left(\frac{1}{2}l + \frac{1}{8}l\right)$

$\quad = \frac{28}{40}l - \frac{20}{40}l - \frac{5}{40}l$ $\qquad$ $= \frac{7}{10}l - \left(\frac{4}{8}l + \frac{1}{8}l\right)$

$\quad = \frac{8}{40}l - \frac{5}{40}l$ $\qquad\qquad$ $= \frac{7}{10}l - \frac{5}{8}l$

$\quad = \frac{3}{40}l$ $\qquad\qquad\qquad$ $= \frac{28}{40}l - \frac{25}{40}l$

$\qquad\qquad\qquad\qquad\qquad$ $= \frac{3}{40}l$

Es bleiben $\frac{3}{40}l$ Kirschsaft übrig.

b) Z.B.: $\frac{5}{6} - \frac{1}{6} - \frac{3}{6} = \frac{1}{6}$ $\qquad$ $\frac{5}{6} - \left(\frac{1}{6} + \frac{3}{6}\right) = \frac{5}{6} - \frac{4}{6} = \frac{1}{6}$

188

2. a) $\frac{1}{5}$ $\qquad\qquad$ b) $\frac{4}{11}$ $\qquad\qquad$ c) 0,8

$\quad\frac{1}{3}$ $\qquad\qquad\qquad$ $\frac{7}{40}$ $\qquad\qquad\qquad$ 3,1

$\quad\frac{3}{7}$ $\qquad\qquad\qquad$ $\frac{1}{33}$ $\qquad\qquad\qquad$ 5,23

3. Z.B.: $\frac{1}{2} : \frac{1}{3} : \frac{1}{4} = 6$ $\qquad\qquad$ $\frac{1}{2} : \left(\frac{1}{3} \cdot \frac{1}{4}\right) = 6$

4. a) $4; \frac{9}{49}$ $\qquad\qquad$ b) $1,6; 10$

5. a) $\frac{4}{7} : \left(\frac{2}{3} \cdot \frac{3}{5}\right) = \frac{10}{7} = 1\frac{3}{7}$ $\qquad$ c) $\frac{5}{4} : \left(\frac{2}{3} \cdot \frac{3}{5}\right) = \frac{25}{8} = 3\frac{1}{8}$

$\quad\ \ \frac{7}{8} : \left(\frac{5}{6} \cdot \frac{3}{4}\right) = \frac{7}{5} = 1\frac{2}{5}$ $\qquad\quad$ $\frac{15}{16} : \left(\frac{5}{8} \cdot \frac{1}{2}\right) = 3$

b) $\frac{2}{3} : \left(\frac{9}{16} \cdot \frac{5}{4}\right) = \frac{128}{135}$ $\qquad$ d) $\frac{5}{11} : \left(\frac{11}{20} \cdot \frac{5}{22}\right) = \frac{40}{11} = 3\frac{7}{11}$

$\quad\ \ \frac{3}{8} : \left(\frac{3}{4} \cdot \frac{2}{5}\right) = \frac{5}{4} = 1\frac{1}{4}$ $\qquad\quad$ $\frac{2}{3} : \left(\frac{3}{2} \cdot \frac{3}{7}\right) = \frac{28}{27} = 1\frac{1}{27}$

6. Seine Frau erbt doppelt so viel wie seine Tochter. Sein Sohn erbt doppelt so viel wie seine Frau, also viermal so viel wie seine Tochter.

Wenn man das Erbe zu gleich großen Teilen vererbt, erhält die Tochter 1 Teil, die Frau 2 Teile und der Sohn 4 Teile. Insgesamt sind es also $1 + 2 + 4 = 7$ gleich große Teile. Man muss das Erbe in Siebtel aufteilen.

Seine Frau erbt $\frac{2}{7}$; sein Sohn $\frac{4}{7}$; seine Tochter $\frac{1}{7}$.

5. Statistische Daten

Lernfeld: Euro-Münzen von nah und fern

192 **1. Auftrag: Euro, Euro, du musst wandern**
→ 2-Euro-Münze und 1-Euro-Münze:
(Bundes-)Adler umgeben von den europäischen Sternen;
50-Cent-Münze; 20-Cent-Münze und 10-Cent-Münze:
Brandenburger Tor in Berlin;
5-Cent-Münze; 2-Cent-Münze und 1-Cent-Münze: Eichenzweig
→ Keine Lösungen
→ Es könnte davon abhängen, von welcher Prägeanstalt die Banken beliefert werden.

5.1 Absolute und relative Häufigkeiten und deren Darstellung

193 Einstieg:
a) $\frac{9}{30} = \frac{3}{10}$
b)

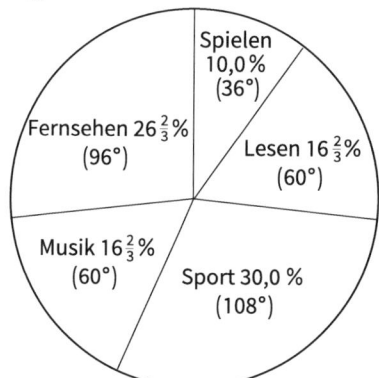

196 3. a) (1) $\frac{17}{30}$; $\frac{10}{30} = \frac{1}{3}$; $\frac{2}{30} = \frac{1}{15}$; $\frac{1}{30}$
Die Summe der relativen Häufigkeiten ist 1.
(2) $\frac{9}{30} = \frac{3}{10}$; $\frac{6}{30} = \frac{1}{5}$; $\frac{4}{40} = \frac{2}{5}$; $\frac{16}{30} = \frac{8}{15}$; $\frac{5}{30} = \frac{1}{6}$
Die Summe der relativen Häufigkeiten ist $1\frac{1}{3}$, da die Schüler(innen)
mehr als eine Freizeitgestaltung nennen konnten.
b) 57 %; 33 %; 7 %; 3 %
Die Summe der relativen Häufigkeiten ist 100 %.

196   3. c) Ein Kreisdiagramm ist bei der Erhebung (2) mit Mehrfachnennungen nicht
möglich, weil die Summe der relativen Häufigkeiten größer als 1 ist.
Diagramm (**1**)

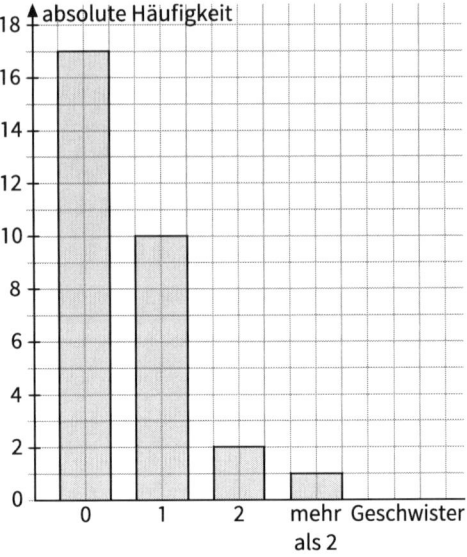

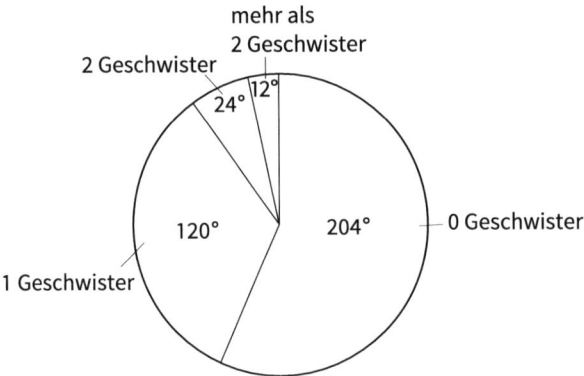

196

3. Fortsetzung
   c) *Diagramm* (2)

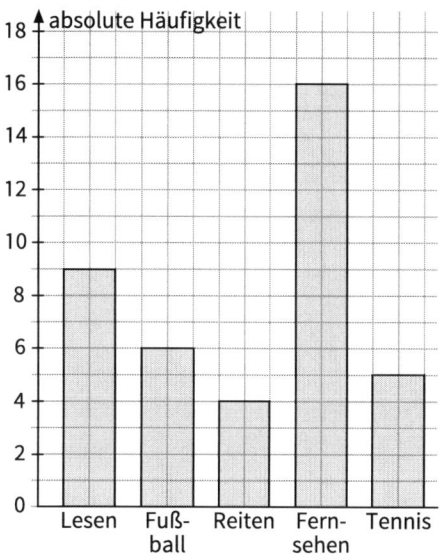

4. a) Fruchtsaft [Limonade; Limonade]
   b)

Getränk	relative Häufigkeit		
	5	6	7
Milch	14,3 %	11,1 %	8,2 %
Kakao	22,1 %	18,5 %	18,8 %
Fruchtsaft	29,9 %	25,9 %	29,4 %
Mineralwasser	9,1 %	11,1 %	12,9 %
Limonade	24,7 %	33,3 %	30,6 %

Milch ist in Klasse 5 am beliebtesten; Kakao in Klasse 5;
Fruchtsaft in Klasse 5; Mineralwasser in Klasse 7; Limonade in Klasse 6.

c) Man kann z. B. für jede Klasse ein Kreisdiagramm zeichnen.

Klasse 5

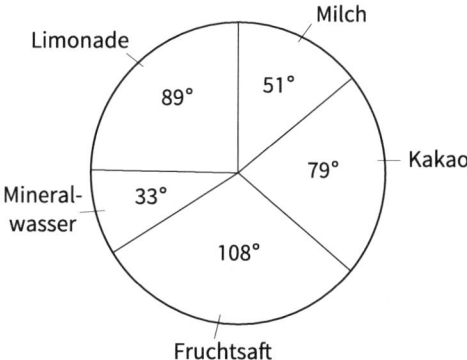

196 4. Fortsetzung

c) **Klasse 6**

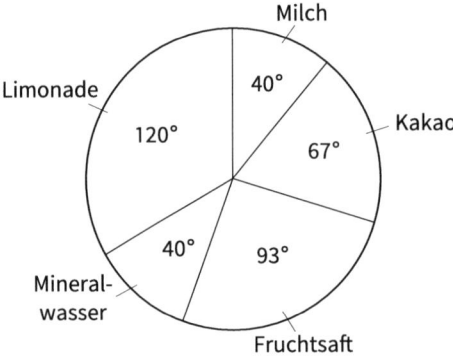

Klasse 7

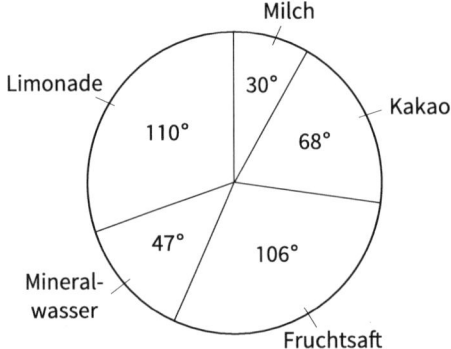

Durch Rundungen können beim Kreisdiagramm in der Summe der Winkelgrößen Abweichungen von 360° entstehen.

197 5. a) Es sind 53 Schüler(innen).

Gewicht (in kg)	Relative Häufigkeit	Gewicht (in kg)	Relative Häufigkeit
40	1,9 %	46	17,0 %
41	3,8 %	47	17,0 %
42	5,7 %	48	9,4 %
43	9,4 %	49	5,7 %
44	11,3 %	50	1,9 %
45	15,1 %	51	1,9 %

Da die Werte auf eine Stelle nach dem Komma gerundet wurden, erhält man hier als Summe nicht 100 % sondern 100,1 %.

197   5. b)

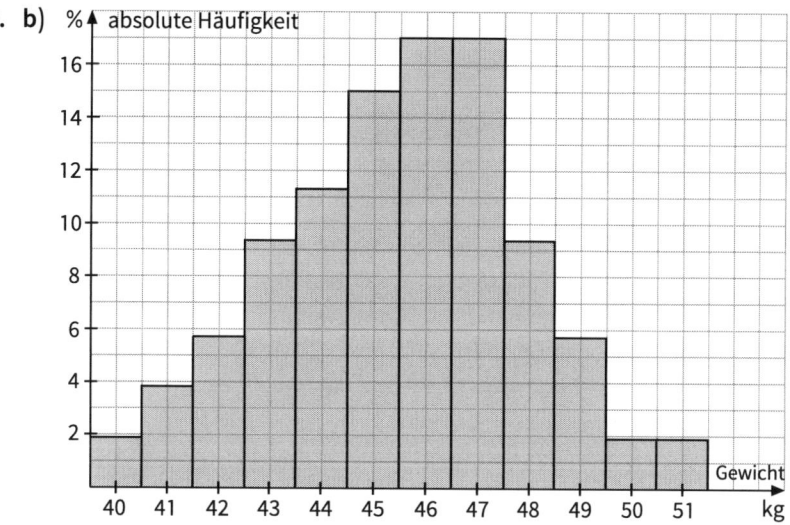

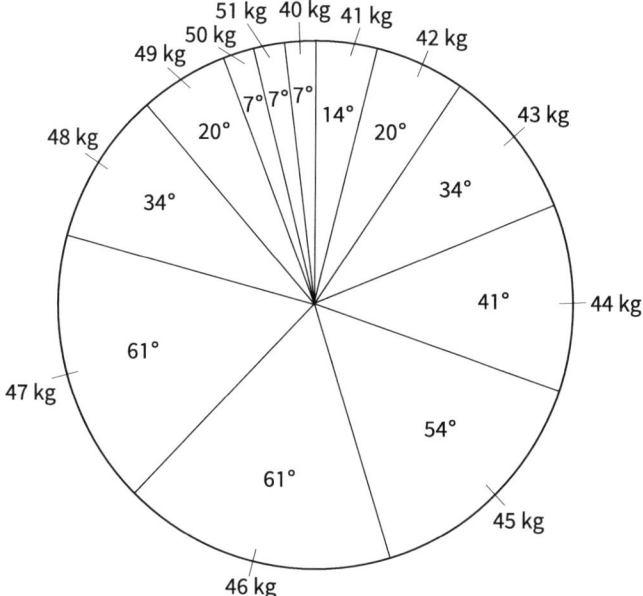

Das Säulendiagramm zeigt deutlicher die Verteilung der Gewichte:
Man kann ihm auf einen Blick entnehmen, dass viele Schüler zwischen
45 kg und 48 kg wiegen.

6. a) Vorher wurden 300 Personen, hinterher 320 Personen befragt.

Meinung	relative Häufigkeit in der Stichprobe	
	vorher	nachher
sehr gut	8,0 %	12,5 %
gut	36,0 %	45,0 %
unentschieden	27,0 %	17,5 %
schlecht	26,0 %	22,5 %
sehr schlecht	3,0 %	2,5 %

Der Anteil der Befürworter ist nachher größer als vorher. Der Anteil der Gegner ist nachher kleiner als vorher.

b) **Vorher:**   sehr schlecht   **Nachher:**   sehr schlecht

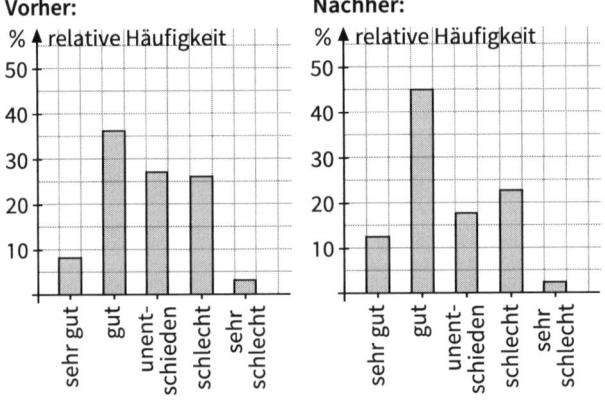

Die Kreisdiagramme zeigen deutlich, dass sich die Meinung zur Verkehrsberuhigung nach dessen Einführung deutlich verbessert hat.

c) *Säulendiagramme:*

Vorher:

% ▲ relative Häufigkeit

50
40
30
20
10

sehr gut   gut   unentschieden   schlecht   sehr schlecht

Nachher:

% ▲ relative Häufigkeit

50
40
30
20
10

sehr gut   gut   unentschieden   schlecht   sehr schlecht

197

6. c) Fortsetzung
   Streifendiagramme:

   Vorher:

   | sehr gut | gut | unentschieden | schlecht | sehr schlecht |

   Nachher:

   | sehr gut | gut | unent-schieden | schlecht | sehr schlecht |

   Beim Kreisdiagramm und beim Streifendiagramm kann man die Anteile untereinander besser erkennen und vergleichen. Im Säulendiagramm ist die Veränderung besser zu erkennen, besonders in einem gemeinsamen Säulendiagramm.

   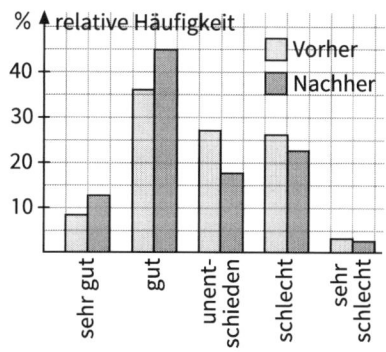

7. Man erhält 48 %; 21 %; 32 % bzw. 47,9 %; 20,5 %; 31,5 %.
   Die Summenprobe ergibt 101 % bzw. 99,9 %.
   Beim Rechnen mit Brüchen erhält man $\frac{35}{73} + \frac{15}{73} + \frac{23}{73} = \frac{73}{73} = 1 = 100 \%$
   Wenn die Summe nicht genau 100 % ergibt, so wird das Ergebnis genauer, wenn man mehr Stellen nach dem Komma berücksichtigt.

8. Die Summe der relativen Häufigkeiten ist 110 %. Entweder sind Mehrfach-nennungen erfolgt oder es liegt ein Rechenfehler vor.

9. Der Anteil der Einwohner von 40 bis 65 Jahren fehlt. Er beträgt
   100 % – 20 % – 42 % – 15 % = 23 %.

198

10. a) $\frac{13}{60}$ der Schülerschaft kommen aus Cedorf.

Orte	Astadt	Behausen	Cedorf	Dedorf
relative Häufigkeit	25 %	33 %	22 %	20 %

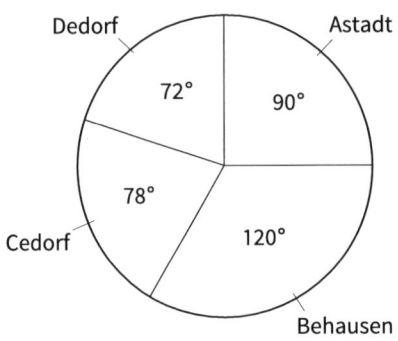

b) Astadt: 188 Schüler(innen); Behausen: 251 Schüler(innen); Cedorf: 163 Schüler(innen); Dedorf: 151 Schüler(innen)

11. $28 : \frac{2}{5} = 70$ Die Stichprobe umfasste 70 Schüler.

12. –

13. a) Die 100 Jugendlichen haben 149 Stimmen abgegeben. Es gab also Mehrfachnennungen. Die Summe der relativen Häufigkeiten beträgt deshalb 149 %.

$$\frac{29}{100} + \frac{32}{100} + \frac{22}{100} + \frac{12}{100} + \frac{15}{100} + \frac{14}{100} + \frac{25}{100} = \frac{149}{100} = 149\,\%$$

b)

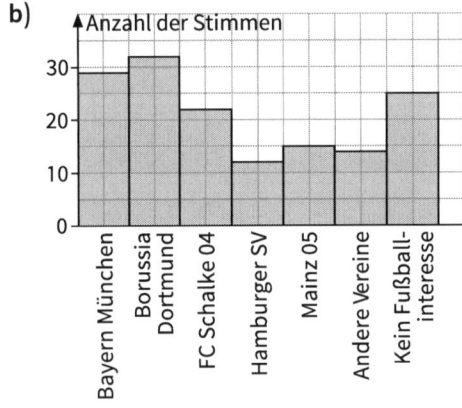

c) Da die Summe der relativen Häufigkeiten größer als 100 % ist, kann man kein Kreisdiagramm zeichnen.

198

14. a)

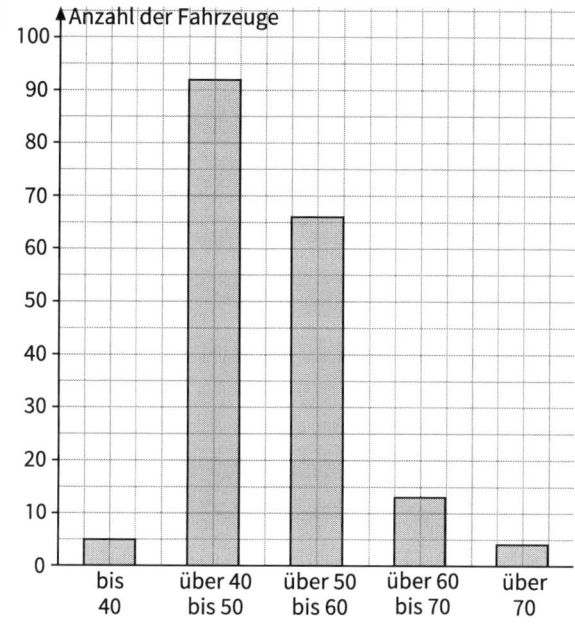

b)

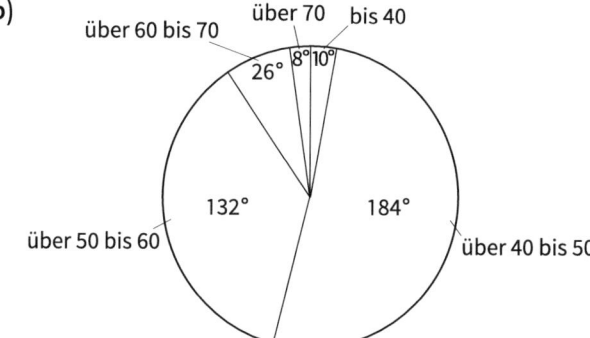

c) *Zum Beispiel:* Die Höchstgeschwindigkeit in geschlossenen Ortschaften wird von den meisten Autofahrern beachtet. Über 50 % fahren nicht schneller als 50 $\frac{km}{h}$. Gut $\frac{1}{3}$ fährt zwar etwas schneller, aber noch weniger als 60 $\frac{km}{h}$. Fast 10 % aller Fahrzeuge sind allerdings schneller als 60 $\frac{km}{h}$, gut 2 % sogar über 70 $\frac{km}{h}$.

15. –

16. a) Beginnend mit „Über diesem Buch ..." ergibt sich (ohne Berücksichtigung von Ziffern) folgende Verteilung:

	a	b	c	d	e	f	g	h	i	j
absolut	34	11	11	21	85	6	24	23	36	1
relativ	6,8 %	2,2 %	2,2 %	4,2 %	17,0 %	1,2 %	2,8 %	4,6 %	7,2 %	0,2 %

	k	l	m	n	o	p	q	r	s	t
absolut	11	35	18	47	8	7	0	31	28	32
relativ	2,2 %	7,0 %	3,6 %	9,4 %	1,6 %	1,4 %	0,0 %	6,2 %	5,6 %	6,4 %

	u	v	w	x	y	z	ä	ö	ü	ß
absolut	17	3	6	0	1	6	2	1	5	0
relativ	3,4 %	0,6 %	1,2 %	0,0 %	0,2 %	1,2 %	0,4 %	0,2 %	1,0 %	0,0 %

b) Es sollten sich ungefähr vergleichbare relative Häufigkeiten für die einzelnen relativen Häufigkeiten ergeben.

c) Hier liegen Abweichungen zur Verteilung der Häufigkeit der Buchstaben im Deutschen vor: Z. B. gibt es im Lateinischen kein j oder k.

17. Etwa $80\,000 \cdot \frac{9}{1\,200} = 600$ Energiesparlampen waren in der Produktion unzureichend.

18. a) –

b)

Befragte Personen	112	86	64
relative Häufigkeit (Befürworter)	61 %	72 %	19 %

Sie könnten die Umfragen zu einer Umfrage zusammenfassen:

112 Personen + 86 Personen + 64 Personen = 262 Personen

68 Personen + 62 Personen + 12 Personen = 142 Personen

Von 262 befragten Personen sind 142 Personen, also 54 % für eine Erweiterung der Fußgängerzone.

19. a)

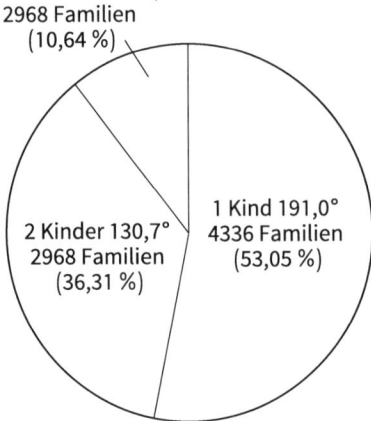

199

19. b) $\frac{5\,847}{8\,124} \cdot 500 \approx 360$ Ehepaare

$\frac{702}{8\,124} \cdot 500 \approx 43$ Lebensgemeinschaften

$\frac{1\,575}{8\,124} \cdot 500 \approx 97$ Alleinerziehende

Im Blickpunkt: Diagramme mit dem Computer

201

1. a)

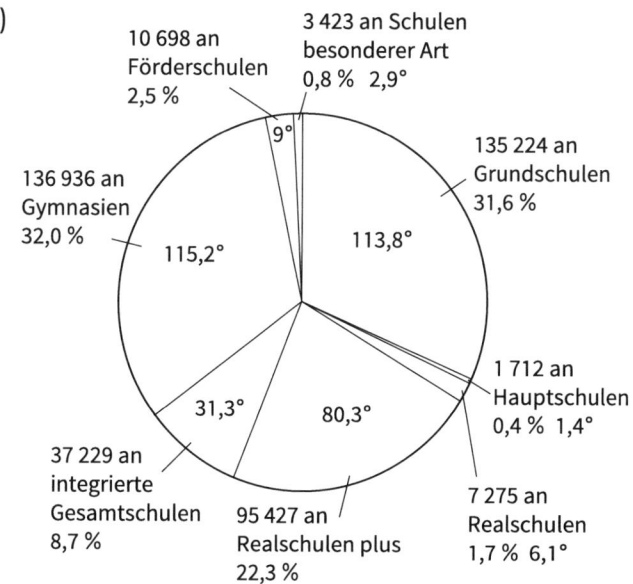

b)

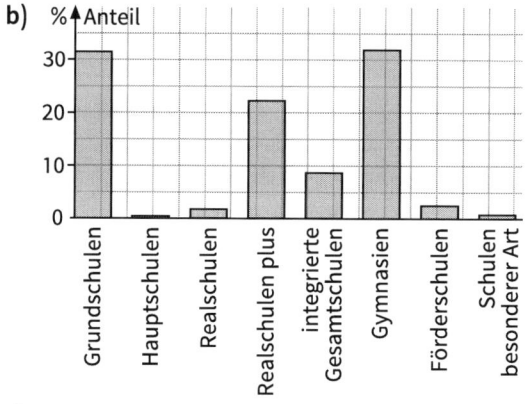

c) –

201

2. a)

Beheizung	Wohnungen gesamt
Gas	49,09 %
Heizöl	2,90 %
Holz	16,09 %
Strom	5,47 %
Fernwärme	13,19 %
Erdwärme	0,88 %
Kohle	1,85 %
Sonne	1,58 %
Sonstiges	8,96 %

b) *Vorhandene Wohnungen:*

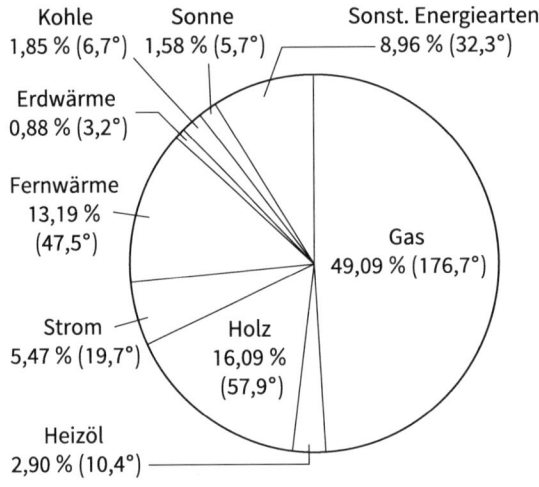

Neue Wohnungen

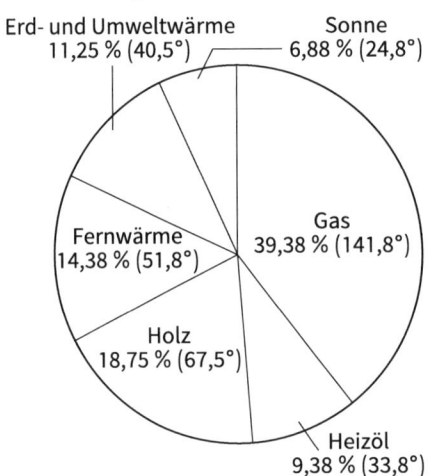

Der Anteil an Ölheizungen ist in vorhandenen Wohnungen wesentlich höher, dagegen ist der Anteil an Erdwärmeheizungen bei den neuen Wohnungen um ein Vielfaches höher als bei den alten Wohnungen.

5.2 Bildliche Darstellung von Daten und ihre Wirkungen auf einen Betrachter

202 **Einstieg:**

(1) Die Seitenlängen des Rechtecks wurden beide verdoppelt, der Flächeninhalt des „Münzen-Fotos" wurde also auf das Vierfache vergrößert.

(2) Die Kantenlängen des Quaders wurden alle verdoppelt. Das Volumen der großen Kaffeepackung ist das Achtfache des Volumens der kleinen Packung.

(3) Der Preisanstieg wird angemessen dargestellt.

204 2. Nein, die Darstellung ist nicht angemessen, da beide Seitenlängen verdoppelt wurden, was zu einer Vervierfachung des Flächeninhalts führt.

3.

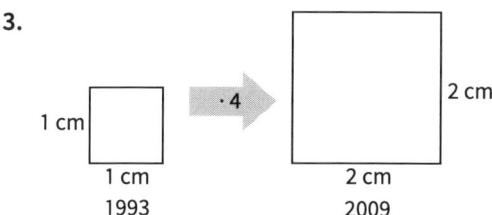

4.

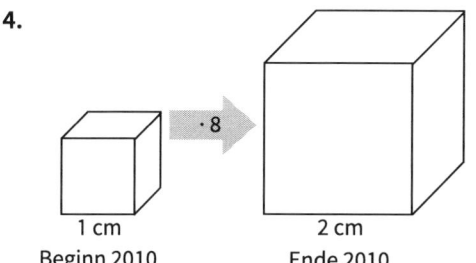

5. In der rechten Grafik wurden die Daten in einem Säulendiagramm dargestellt, während in der linken Grafik ein Handysymbol für 100 Mio. Handys steht. Die Daten widersprechen sich nicht, allerdings ist im Säulendiagramm noch die Anzahl der UMTS-Anschlüsse aufgetragen, diese Information fehlt links.

205

6.

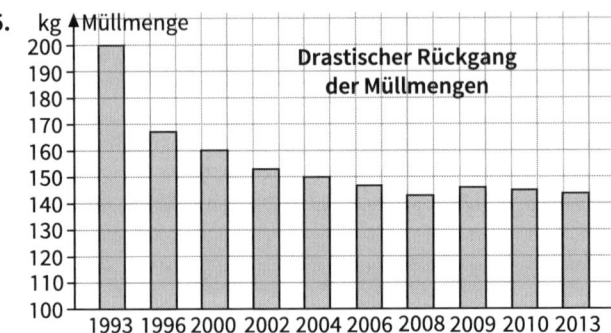

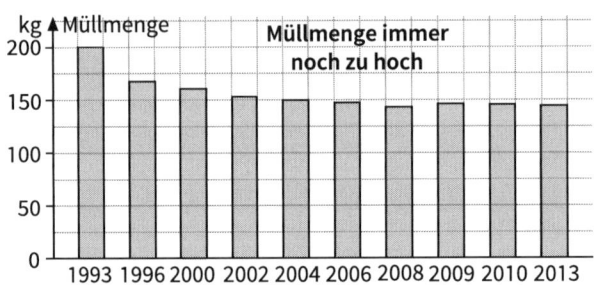

7.

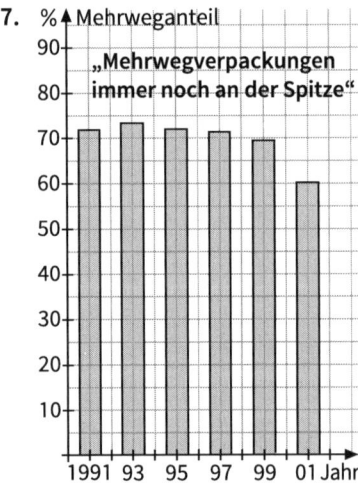

205

8.

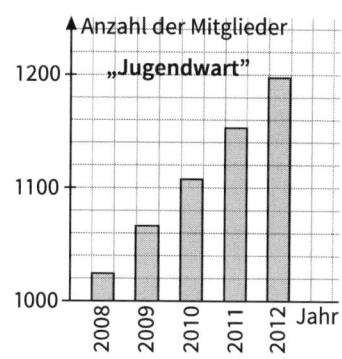

9. Der Anteil der Asiaten erscheint
unangemessen groß, da sowohl
Länge als auch Breite der Figuren
vergrößert wurden.
Das Kreisdiagramm rechts gibt die
Verteilung besser an.

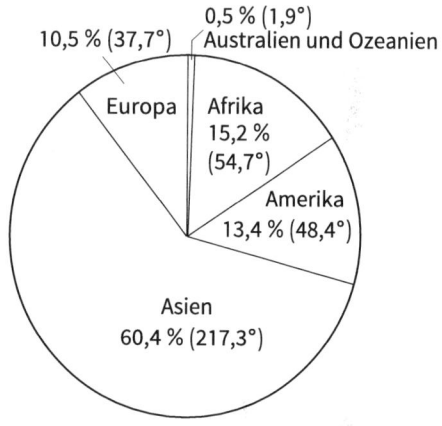

10. –

Das kann ich noch!

A) 1) 5 cm = 0,05 m

    2) 5 cm² = 0,0005 m²

    3) 1000 cm³ = 0,001 m³

    4) 243 cm³ = 0,243 l

    5) 500 ml = 500 cm³

    6) 2 ha = 20 000 m²

    7) 20 g = 0,02 kg

    8) 70 s = $1\frac{1}{6}$ min

    9) 150 ha = 1,5 km²

    10) 200 l = 0,2 m³

    11) 2,5 h = 150 min

    12) 0,04 m² = 400 cm²

5.3 Arithmetisches Mittel

206

Einstieg:
Riege 1: 50,57 m : 13 = 3,89 m
Riege 2: 47,04 m : 12 = 3,92 m
Die Schüler der 2. Riege sind durchschnittlich etwas weiter gesprungen.

207

2. **a)** Arithmetisches Mittel: 205 €

Gruppe	I	II	III	IV	V	VI	VII
Abweichung vom arithmetischen Mittel	20 € mehr	15 € weniger	35 € weniger	0 €	40 € mehr	5 € mehr	15 € weniger

Die Gruppe IV hat genauso viel wie das arithmetische Mittel gesammelt.
Die Gruppen I, V und VI haben zusammen 65 € mehr als das arithmetische Mittel gesammelt.
Die Gruppen II, III und VII haben zusammen 65 € weniger als das arithmetische Mittel gesammelt.
Die größte Abweichung vom arithmetischen Mittel hat Gruppe V.

b)

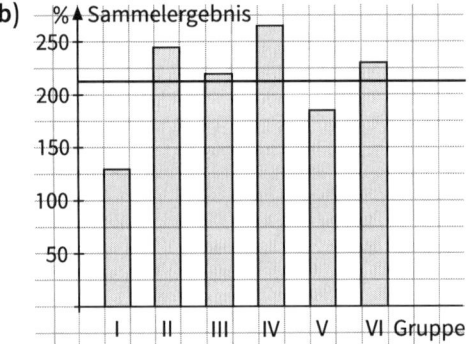

Arithmetisches Mittel: 212,50 €

Gruppe	I	II	III	IV	V	VI
Abweichung vom arithmetischen Mittel	82,50 € weniger	32,50 € mehr	7,50 € mehr	52,50 € mehr	27,50 € weniger	17,50 € mehr

Die Gruppen II, III, IV und VI haben zusammen 110 € mehr als das arithmetische Mittel gesammelt.
Die Gruppen I und V haben zusammen 110 € weniger als das arithmetische Mittel gesammelt.
Die größte Abweichung vom arithmetischen Mittel hat Gruppe I.

3. **a)** Fahrt Nr. 7 hat außergewöhnlich lange gedauert, z. B. Panne oder Stau.
   b) 30 min
   c) Den Ausreißer 97 min streichen: 353 min : 14 ≈ 25 min

208

4. **a)** 811 000 h : 80 = 10 137,5 h ≈ 10 000 h
   b) Die arithmetischen Mittel der Urliste und der klassierten Stichprobe liegen nahe beieinander.

208

5. Minimum: 495 g
   Maximum: 522 g
   Spannweite: 27 g
   Arithmetisches Mittel: 10 162 g : 20 = 508,1 g
   Das Gewicht eines einzigen Brotes könnte zufällig stark von dem aller übrigen abweichen.

6. Minimum: 5 €
   Maximum: 25 €
   Spannweite: 20 €
   Arithmetisches Mittel: 398 € : 28 ≈ 14,21 €

209

7. a)

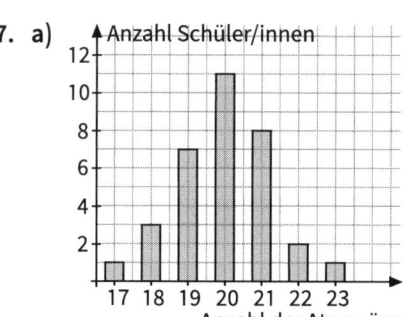

   b) Atemzüge: 659 : 33 ≈ 20   Pulsschläge: 1 639 : 25 ≈ 66
   c) –

8. Alexa hat richtig gerechnet. Monikas durchschnittliche Fehleranzahl ist 3.

9. Das arithmetische Mittel verschleiert die ungewöhnliche Verteilung der Fehleranzahl.

10. a) 61,2 : 7 ≈ 8,7
    b) Die höchste und niedrigste Punktzahl wird meistens nicht berücksichtigt, weil es sich um Ausreißer handeln könnte. 8,4 und 9,2 werden gestrichen. Das arithmetische Mittel wäre dann 43,6 : 5 ≈ 8,7. Hier hat sich das arithmetische Mittel praktisch nicht verändert, da 8,4 und 9,2 keine echten Ausreißer sind.

209   11. a) (1)

Geschwindigkeit	Anzahl der Lkw
15 bis unter 25 $\frac{km}{h}$	1
25 bis unter 35 $\frac{km}{h}$	0
35 bis unter 45 $\frac{km}{h}$	7
45 bis unter 55 $\frac{km}{h}$	3
55 bis unter 65 $\frac{km}{h}$	9
65 bis unter 75 $\frac{km}{h}$	11
75 bis unter 85 $\frac{km}{h}$	5
85 bis unter 95 $\frac{km}{h}$	1
95 bis unter 105 $\frac{km}{h}$	1

(2)

Geschwindigkeit	Anzahl der Lkw
10 bis unter 30 $\frac{km}{h}$	1
30 bis unter 50 $\frac{km}{h}$	7
50 bis unter 70 $\frac{km}{h}$	17
70 bis unter 90 $\frac{km}{h}$	12
90 bis unter 110 $\frac{km}{h}$	1

b) Arithmetisches Mittel aus der Urliste: $2363,2 : 38 \approx 62,2$
Praktischer Mittelwert:
Klassenmitten: (1) $2350 : 38 \approx 61,8$ (2) $2380 : 38 \approx 62,6$

Im Blickpunkt: Durchführen einer statistischen Erhebung

210   Keine Lösungen.

5.4   Aufgaben zur Vertiefung

211   1. a) 152 cm
  b) (1) 15 cm   (2) 15 cm
    Die Summe der Abweichungen oberhalb des arithmetischen Mittels ist
    gleich der Summe der Abweichungen unterhalb des arithmetischen
    Mittels.

211

1. c) Begründung am Beispiel von Längen:
Das arithmetische Mittel ergibt sich durch Addition aller Längen und anschließende Division durch die Anzahl n der Werte. Folglich ergibt das n-fache Aneinanderlegen des arithmetischen Mittels eine genauso lange Strecke, wie alle Werte aneinandergelegt. Das bedeutet aber, dass die Werte, die länger sind als das arithmetische Mittel, insgesamt genau ausgeglichen werden müssen durch die Werte, die kürzer sind als der das arithmetische Mittel, damit beide Gesamtstrecken gleich lang sind.

2. a) Gerät A: $80,0\frac{km}{h}$; Gerät B: $80,0\frac{km}{h}$

   b) Gerät A: $83,3\frac{km}{h}$; $76,6 = 6,7\frac{km}{h}$
   Gerät B: $82,5\frac{km}{h}$; $77,8 = 4,7\frac{km}{h}$

   c) Gerät A: $19,4\frac{km}{h}:10 = 1,94\frac{km}{h}$; Gerät B: $13,8\frac{km}{h}:12 = 1,15\frac{km}{h}$

   d) Gerät B hat sowohl eine geringere Spannweite der Messungen als auch eine kleinere mittlere Abweichung vom Mittelwert als Gerät A.

3. a) $38,68\overline{3}\,l \approx 38,7\,l$

   b)

Kalenderwoche	Benzinverbrauch (in l pro 100 km)
11	8,0 l
12	8,0 l
13	7,68 l
14	8,5 l
15	8,0 l
16	8,09 l

   Der Verbrauch war in der 14. Woche relativ hoch und in der 13. Woche relativ niedrig.

6. Ganze Zahlen

Lernfeld: Zahlen unter Null

214

1. Auftrag: Zeitleiste
Keine Lösungen

2. Auftrag: Auf und ab mit dem Fahrstuhl
Keine Lösungen

6.1 Einführung der ganzen Zahlen

215

Einstieg:
Thermometer: Die Temperatur beträgt – 5 °C, das bedeutet 5 °C unter null.
Fahrstuhl: Der Fahrstuhl geht von 2 Stockwerken unter 0 über das Stockwerk 0
(Erdgeschoss) bis zum 3. Stock (3 Stockwerke über 0).
Kontoauszug: Der alte Kontostand war 35,00 € Haben, der neue Kontostand
12,00 € Schulden.

217

2. a) (1) 8 °C über null; 8 °C unter null; 5 °C unter null; 0 °C; 2 °C unter null;
2 °C über null; 4 °C unter null
(2) 8 m über NN; 8 m unter NN; 5 m unter NN; 2 m unter NN;
2 m über NN; 4 m unter NN
(3) 8 € Guthaben; 8 € Schulden; 5 € Schulden; Kontostand 0 €; 2 € Schulden;
2 € Guthaben; 4 € Schulden
   b) (1) +180 m   (3) –12 °C   (5) –180,05 €
      (2) –270 m   (4) +23 °C   (6) +270,73 €

3. a) $a = -28$; $b = -22$; $c = -15$; $d = -7,5$ $e = -6$; $f = -1$;
$g = +1$ $h = +6$; $i = +11$; $j = +15$; $k = +22$; $l = +28$
   b) $a = -280$; $b = -210$; $c = -160$; $d = -90$; $e = -50$; $f = +10$;
$g = +140$; $h = +190$; $i = +250$

4. $a = -19$; $b = -16$; $c = -8$; $d = +4$; $e = +12$; $d = +27$

5. a)

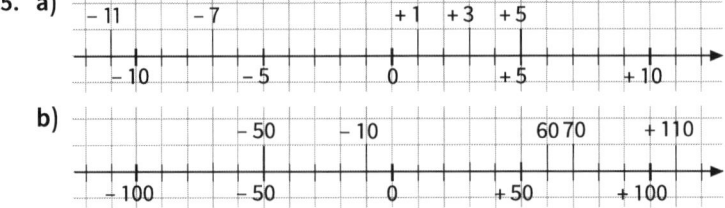

217

5. c)

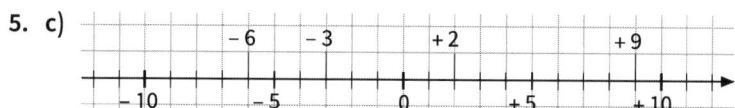

6. a) Z. B. 1 mm für 100 m:
   Man rundet die Höhenangaben auf
   volle 100 m.

Mount Everest:	+8 800 m
Kilimandscharo:	+5 900 m
Montblanc:	+4 800 m
Matterhorn:	+4 500 m
Zugspitze:	+3 000 m
Marianengraben:	−11 000 m
Philippinengraben:	−10 500 m
Puerto-Rico-Graben:	−9 200 m
Caymangraben:	−7 700 m
Perugraben:	−6 300 m

   b) –

7. Firma FLOTTIVA macht wieder Gewinn
   (statt Verlust).
   Verein Waldeslust macht noch immer
   Verlust.

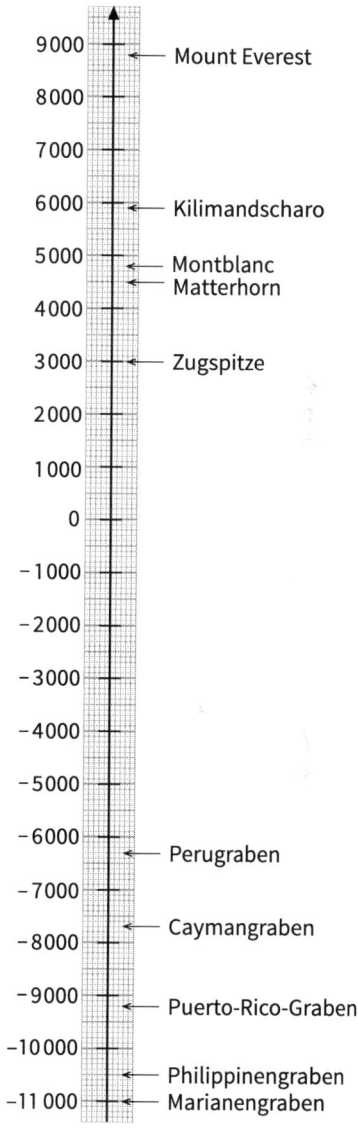

6.2 Koordinatensystem

218

1. a)

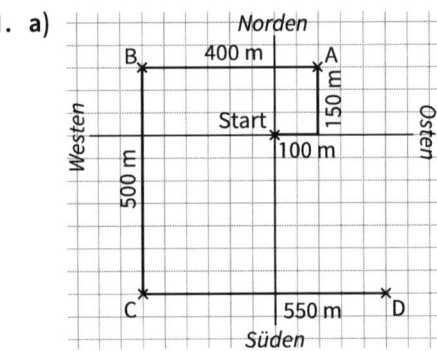

b) Standort B: 300 m nach Westen und 150 m nach Norden
Standort C: 300 m nach Westen und 350 m nach Süden
Standort D: 250 m nach Osten und 350 m nach Süden

2. A(−3|−1); B(3|2); C(0|−2); D(1|−1); E(−2|−2); F(1|0); G(2|−1); H(−1|3); P(−3|1)

3. A: 3. Quadrant;   B: 1. Quadrant;   C: 4. Quadrant;   D: 1. Quadrant;
E: 2. Quadrant;   F: 3. Quadrant;   G: auf der Hochachse;
H: 2. Quadrant;   K: 4. Quadrant;   L: 2. Quadrant;
M: 2. Quadrant;   N: 4. Quadrant;   P: 1. Quadrant

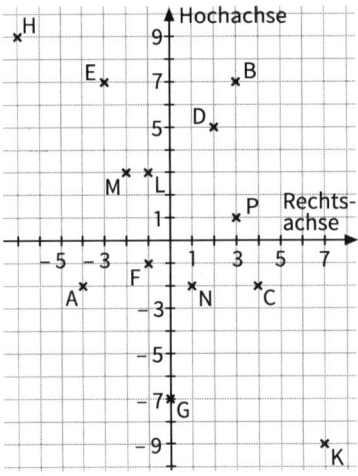

219

4. a) Parallelogramm

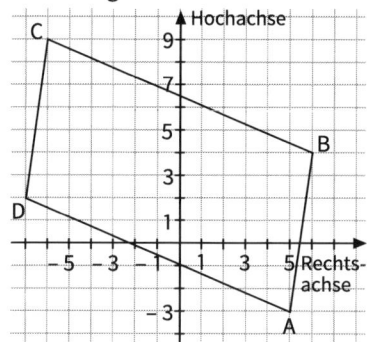

b) Fünfeck

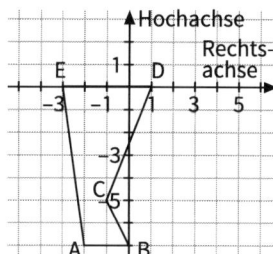

c) –

5. a) A(0|7); B(−2|3);
C(−6|3); D(−3|0);
E(−6|−3); F(−2|−3);
G(0|−7); H(2|−3);
I(6|−3); J(3|0); K(6|3);
L(2|3)

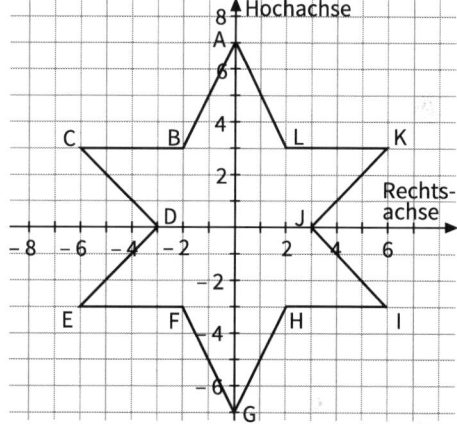

b) A(4|7); B(1|8); C(1|6);
D(3|5); E(3|−2);
F(−3|−2); G(−2|−5);
H(3|−5); I(4|−6);
J(5|−5); K(10|−5);
L(11|−2); M(5|−2);
N(5|5); O(7|6); P(7|8)

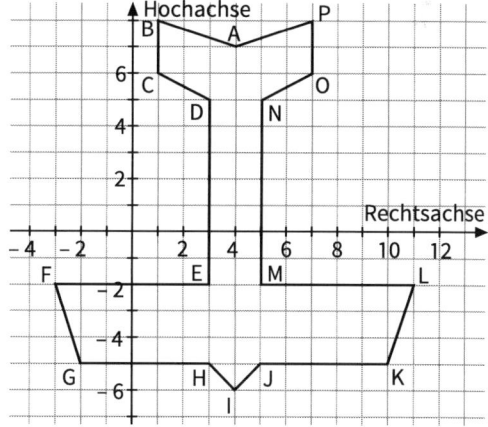

6.3 Vergleichen und Ordnen

220

Einstieg:
Haarlem und Wondsend – 5 m, Uitgeest – 2 m, Groningen und Rotterdam – 1 m,
Rosendaal 0 m, Zwolle 2 m, Heinsberg 73 m, Borne 85 m, Apeldorn 106 m

221

2. **a)** $-5\,°C < -4\,°C < -3\,°C < 0\,°C < 2\,°C < 4\,°C$
   b) $-5\,m < -4\,m < -3\,m < -2\,m < +3\,m < +4\,m$
   c) $-1130\,€ < -780\,€ < -7\,€ < +230\,€ < +250\,€ < 1480\,€$

3. **a)** $-8 < -5 < -3 < -1 < 0 < +2 < +4$
   b) $-7 < -2 < +1 < +3 < +4$

4. **a)** $-7 > -9$ **d)** $-13 < -8$ **g)** $-6 < +2$ **j)** $+4 > -5$ **m)** $+9 > -1$
   b) $+4 > -5$ **e)** $-1 < +3$ **h)** $-3 > -12$ **k)** $+3 < +6$ **n)** $-13 < -12$
   c) $+3 < +12$ **f)** $-4 > -7$ **i)** $-6 < -1$ **l)** $+8 > -4$ **o)** $-2 < +3$

5. **a)** $-1; -2; -3; -4$ **d)** $-7; -8; -9; -10$
   b) $-5; -6; -7; -8; -9$ **e)** $-6; -7; -8; -9$
   c) $-21; -22; -23; …; -99$ **f)** $-10; -11; -12; …; -19$

6. **a)** $-7 < -2;\ +8 > -8;\ 1 > -1000;\ -1 < 0;\ -100 < 17;\ 1 > -10\,000$
   b) $-157 > -200;\ 354 < -400;\ -555 < -455;\ -352 < 252;\ 0 > -750$

7. **a)** $-7 < -6 < -5$ **c)** $-2 < -1 < 0$ **e)** $-10 < -9 < -8$
   b) $-12 < -11 < -10$ **d)** $-1 < 0 < +1$

222

8. **a)** **(1)** $-12 < -7 < -6 < 0 < +2$ **(2)** $-11 < -8 < -6 < 0 < +3$
   b) –

9. Patrick hat nicht Recht, denn – 1 ist größer als – 1 Trilliarde.
   Kai hat nicht Recht, denn – 1 Trilliarde ist größer als – 100 Trilliarden.
   Nina hat Recht, denn – 1 ist die größte negative ganze Zahl.

10. **a)** Abstand: 6 **c)** Abstand: 8 **e)** Abstand: 8
      Mitte: – 1 Mitte: – 1 Mitte: – 12
    b) Abstand: 6 **d)** Abstand: 200 **f)** Abstand: 36
      Mitte: 1 Mitte: 0 Mitte: – 2

11. 1. Platz: Sophie 8 Punkte
    2. Platz: Mareike 4 Punkte
    3. Platz: Lisa – 3 Punkte
    4. Platz: Bettina – 5 Punkte
    5. Platz: Juliane – 12 Punkte
    6. Platz: Katharina – 15 Punkte

222

12. (1) Wahr

(2) Falsch; zu jeder negativen Zahl findet man noch eine kleinere. 0 ist die größte negative Zahl wäre eher richtig, aber eigentlich ist 0 weder positiv noch negativ.

(3) Wahr

(4) Falsch; 0 ist größer als alle negativen Zahlen.

13. a) Geburtsdaten

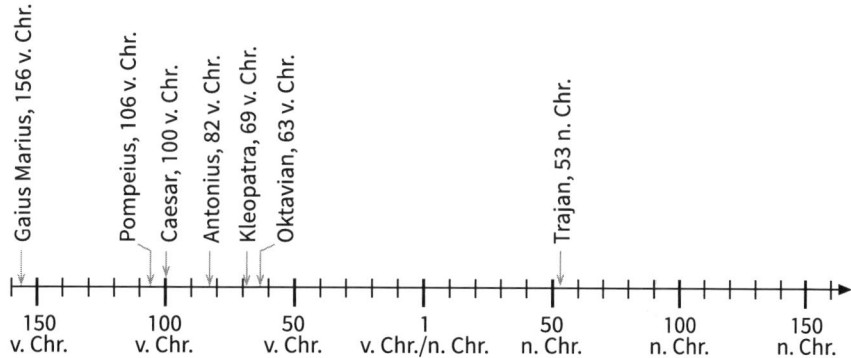

Sterbedaten

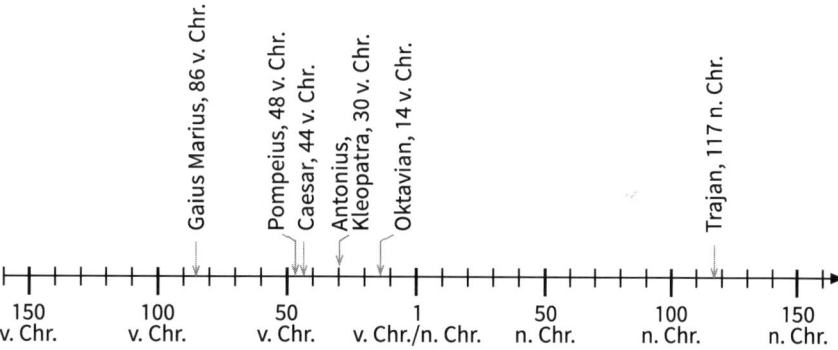

b) Octavian 76 Jahre; Gaius Marius 70 Jahre; Trajan 64 Jahre; Pompeius 58 Jahre; Caesar 56 Jahre; Antonius 52 Jahre; Kleopatra 39 Jahre

6.4 Addieren und Subtrahieren einer positiven Zahl

223 Einstieg:

a) (1) $+2+5=+7$

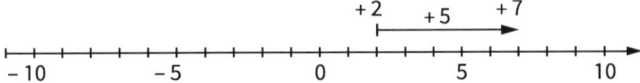

Herr Meyer
kommt im 7. Obergeschoss an.

(2) $-3+2=-1$

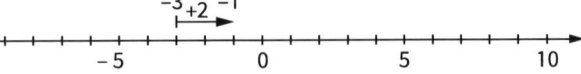

Sophie kommt im 1. Untergeschoss an.

(3) $-4+6=+2$

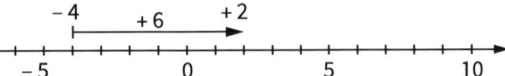

Frau Karini kommt im 2. Obergeschoss an.

b) (1) $+11-4=+7$

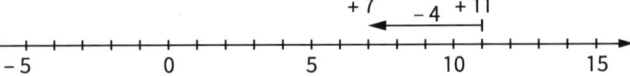

Tom kommt im 7. Obergeschoss an.

(2) $-1-2=-3$

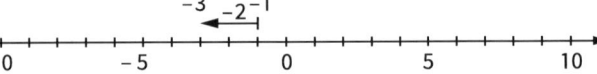

Herr Samaran kommt im 3. Untergeschoss an.

(3) $+4-7=-3$

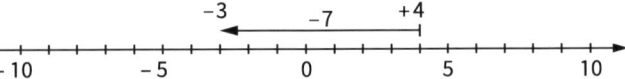

Frau Schulze kommt im 3. Untergeschoss an.

224 2. a) $-3\,°C \xrightarrow{-5\,\text{Grad}} -8\,°C$

b) $20\,€\ \text{Haben} \xrightarrow{-50\,€} 30\,€\ \text{Soll}$

c) $-10\,m \xrightarrow{+4\,m} -6\,m$

225 3. a) Man macht das Addieren von 7 durch das Subtrahieren von 7 rückgängig und erhält so den Wert für x.

b) (1) $x = +2 - 9 = -7$

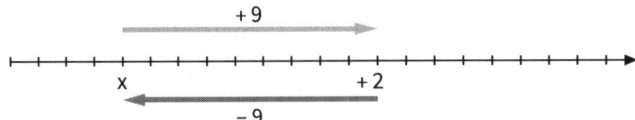

225

3. b) (2) $x = +10 - 6 = +4$

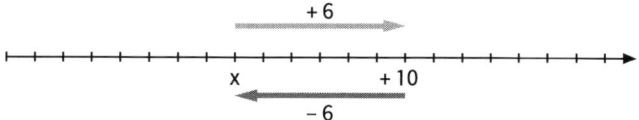

(3) $x = -1 - 2 = -3$

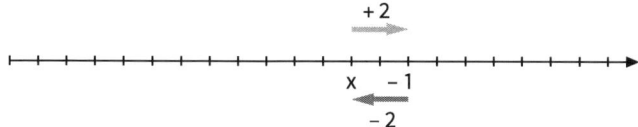

c) (1) $x = +2 + 4 = +6$

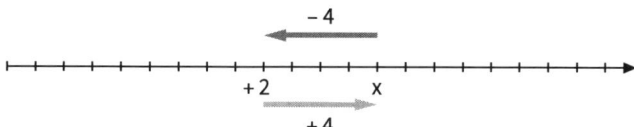

(2) $x = -5 + 6 = +1$

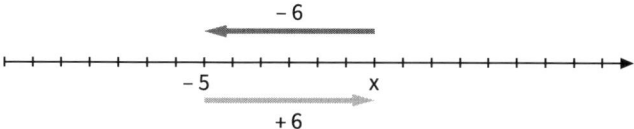

(3) $x = -7 + 3 = -4$

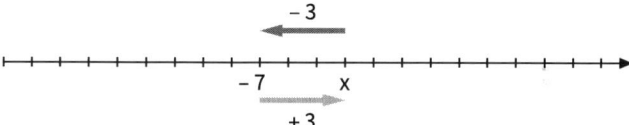

4.

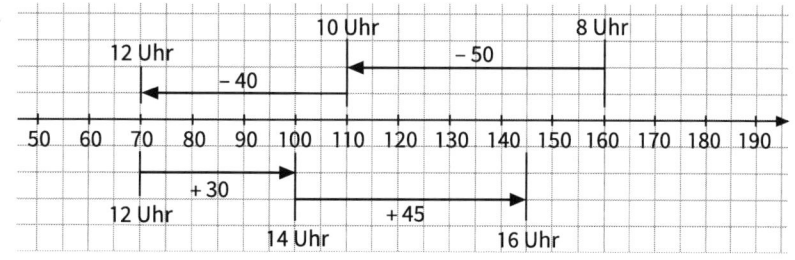

10 Uhr: 10 cm   12 Uhr: –30 cm   14 Uhr: 0 cm   16 Uhr: 50 cm

5. a) 4 °C über null   **b)** 8 °C unter null   **c)** 25 € Haben   **d)** 6 € Soll

6. 1. Spiel: +14 Punkte   5. Spiel: +5 Punkte
    2. Spiel: –16 Punkte   6. Spiel: –25 Punkte
    3. Spiel: –16 Punkte   7. Spiel: +18 Punkte
    4. Spiel: +21 Punkte

225

7. a) Z.B.: Wie viel Grad zeigt das Thermometer dann an?
   Antwort: +6°C [−12°C]

   b) Z.B.: Wie hoch war die Temperatur am Abend vorher?
   Antwort: +4°C [+15°C]

   c) Z.B.: Wie hoch war der Kontostand vor der Buchung?
   Antwort: −25€ [+36€]

   d) Z.B.: Wie war die Tauchtiefe des Tauchbootes vorher?
   Antwort: −77m [−389m]

   e) Wie hoch ist der Kontostand dann?
   Hier gibt es verschiedene Möglichkeiten, da bei den Änderungen nicht gesagt wurde, ob es sich um Einzahlungen oder Abbuchungen handelt.
   +305€ + 355€ +800€ = +1460€   Der Kontostand beträgt 1460€ Guthaben.
   +305€ + 355€ −800€ = −140€   Der Kontostand beträgt 140€ Schulden.
   +305€ − 355€ +800€ = +750€   Der Kontostand beträgt 750€ Guthaben.
   +305€ − 355€ −800€ = −850€   Der Kontostand beträgt 850€ Schulden.

226

8. a) **(1)** 5 Stunden zurück **(3)** 18 Stunden vor   **(5)** 12 Stunden zurück
   (2) 5 Stunden vor   **(4)** 6 Stunden zurück   **(6)** 7 Stunden zurück

   b) Zum Beispiel: Berlin – Omsk [Berlin – Dakar]

9. a) $-3 \xrightarrow{+8} +5$ **c)** $-3 \xrightarrow{-9} -12$
   $+4 \xrightarrow{-6} -2$ $+2 \xrightarrow{-7} -5$
   $-10 \xrightarrow{+3} -7$ $-14 \xrightarrow{+9} -5$

   b) $+3 \xrightarrow{-5} -2$ **d)** $0 \xrightarrow{-8} -8$
   $-6 \xrightarrow{+11} +5$ $-8 \xrightarrow{+16} +8$
   $+2 \xrightarrow{-10} -8$ $+8 \xrightarrow{-8} 0$

10. a) −3   **b)** −5   **c)** +1   **d)** +17   **e)** +19
   +2   +16   −5   −4   +6
   +11   +2   −10   −26   −8

11. a) −35   **b)** +15   **c)** −102   **d)** +19   **e)** −15
   −51   +7   −26   −47   +49
   +31   −15   +26   −38   −66

12. a) *Rechengeschichte:* Förderkorb befindet sich 5m über NN, fährt dann 9m abwärts. In welcher Tiefe befindet er sich jetzt?
   Rechnung: 5 − 9 = −4
   Ergebnis: Der Förderkorb befindet sich 4m unter NN.

   b) *Rechengeschichte:* Frau Kruse hat auf ihrem Konto ein Soll von 4€. Sie bekommt eine Gutschrift von 5€. Wie ist ihr Kontostand nach der Gutschrift?
   Rechnung: −4 + 5 = +1
   Ergebnis: Der Kontostand beträgt 1€ Haben.

226

12. c) *Rechengeschichte:* Marie hat bei ihrer Schwester 11 € Schulden. Sie bekommt für eine gute Schulnote 3 € und gibt sie ihr. Wie viel Schulden hat Marie dann noch bei ihrer Schwester?
Rechnung: $-11 + 3 = -8$
Ergebnis: Sie hat noch 8 € Schulden.

d) *Rechengeschichte:* Abends zeigt das Thermometer eine Temperatur von $-7\,°C$. In der Nacht fällt die Temperatur noch um $4\,°C$. Wie kalt ist es dann?
Rechnung: $-7 - 4 = -11$
Ergebnis: In der Nacht wird es $-11\,°C$ kalt.

e) *Rechengeschichte:* Tom hat 11 € in seiner Spardose. Er kauft sich ein Buch für 3 €. Wie viel Geld hat er nun noch übrig?
Rechnung: $11 - 3 = +8$
Ergebnis: Er hat noch 8 € übrig.

f) *Rechengeschichte:* Felix muss einen Zaun anstreichen. Er hat am ersten Tag nur 2 m geschafft. Er misst nach und sieht, dass noch 7 m übrig sind. Wie lang ist der Zaun insgesamt?
Rechnung: $2 + 7 = +9$
Ergebnis: Der Zaun ist 9 m lang.

227

13. a) $(-9) + (+4) = -5$ b) $(+12) + (-3) = +9$
$(-6) + (-3) = -9$ $(+3) + (-6) = -3$
$(+8) + (-3) = +5$ $(-7) + (+7) = 0$

14. a) b)

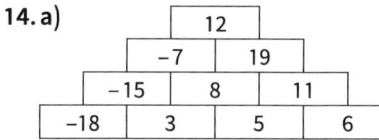 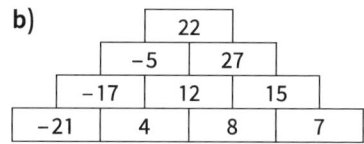

15. a) $-2 > -9$ b) $+4 > -4$ c) $+3 > -3$ d) $-5 < +5$
$-25 = -25$ $-9 = -9$ $+2 = +2$ $-6 > -8$

16. a) (1) 10 m nach oben $(+10\,\mathbf{m})$ b) (1) $-4\,\mathbf{m}$
(2) 11 m nach unten $(-11\,\mathbf{m})$ (2) $+2\,\mathbf{m}$
(3) 3 m nach unten $(-3\,\mathbf{m})$ (3) $+3\,\mathbf{m}$
(4) 4 m nach oben $(+4\,\mathbf{m})$ (4) $-7\,\mathbf{m}$
(5) 4 m nach unten $(-4\,\mathbf{m})$ (5) $-5\,\mathbf{m}$
(6) 6 m nach oben $(+6\,\mathbf{m})$ (6) $+1\,\mathbf{m}$

17. a) $-6\,000\,€$; $+19\,000\,€$; $-18\,000\,€$
b) Vom 2. zum 3. Quartal [vom 3. zum 4. Quartal]

18. a) *Frage:* Wie viel Grad ist es nach dem Temperaturanstieg?
Antwort: $-8\,°C$
b) *Frage:* Wie hoch ist der Wasserstand dann?
Antwort: 430 cm über NN

227

18. c) *Frage:* Wie hoch war der Kontostand vor der Abbuchung?
   Antwort: 638 €

19. a) $x = +7 + 11 = +18$ e) $y = -2 + 8 = +6$ i) $y = -1 + 4 = +3$
   b) $x = -1 - 4 = -5$ f) $x = -6 - 5 = -11$ j) $y = +2 - 9 = -7$
   c) $x = +4 + 3 = +7$ g) $x = -9 + 5 = -4$ k) $z = -5 + 7 = +2$
   d) $x = -9 - 2 = -11$ h) $x = +3 - 8 = -5$ l) $v = -3 - 3 = -6$

6.5 Vervielfachen und Teilen ganzer Zahlen

228

Einstieg:
(1) $-16\,m \cdot 3 = -48\,m$ Tiefsee 1 befindet sich dann in 48 m Tiefe.
(2) $-52\,m : 2 = -26\,m$ Tiefsee 2 befindet sich dann in 26 m Tiefe.
(3) $+46\,m \cdot 4 = +184\,m$ HD-1 befindet sich dann in 148 m Höhe.
(4) $+129\,m : 3 = +43\,m$ HD-2 befindet sich dann in 43 m Höhe.

2. a) Das Multiplizieren mit 3 wird durch das Dividieren durch 3 rückgängig gemacht.
   b) (1) $x = -6 : 2 = -3$ (5) $x = +12 \cdot 2 = +24$
       (2) $x = -42 : 7 = -6$ (6) $x = -7 \cdot 3 = -21$
       (3) $x = -95 : 5 = -19$ (7) $x = -3 \cdot 8 = -24$
       (4) $x = +36 : 4 = +9$ (8) $x = +3 \cdot 5 = +15$

229

3. Nico: Zeitpunkte: $-156 : 2 = -78$
            Bonuspunkte $+28 - 3 = +84$
            Endstand: $+84 - 78 = +6$
      Marcel: Zeitpunkte: $-18 - 4 = -72$
            Bonuspunkte: $+136 : 8 = +17$
            Endstand: $-72 + 17 = -55$

4. $-300\,000 : 3 = -100\,000$
   Es wurden durchschnittlich 100 000 € Schulden im Monat gemacht.

5. $-192 : 12 = -16$
   Die monatliche Abbuchung beträgt dann 16 €.

6. a) -9 b) -17 c) $+24$ d) -24 e) -9
       -9 $+19$ -9 $+14$ $+7$
      $+21$ -8 -4 -8 -5

7. Auf jeden Schüler entfallen 135 €.

229

8. a) $+369$
     $+388$
     $+630$

  b) $+32$
     $+63$
     $+45$

c) -1284
   -692
   -4096

d) -141
   -119
   -153

e) $+1233$
   $+4272$
   $+3408$

f) $+167$
  $+247$
  $+97$

g) -2502
   -3724
   -2432

h) -163
   -84
   -143

i) -22
  $+651$
  $+47$

j) -864
  -108
  $+1235$

9. a) *Rechengeschichte:* Marie bezahlt jährlich 72 € Beitrag für den Sportverein. Wie viel Beitrag ist das monatlich?
    Rechnung: $-72 : 12 = -6$
    Antwort: Marie zahlt monatlich 6 € Beitrag.

  b) *Rechengeschichte:* Das Tauchboot befindet sich in 13 m Tiefe. Nach einer Stunde ist es viermal so tief. In welcher Tiefe befindet es sich nun?
    Rechnung: $-13 \cdot 4 = -52$
    Antwort: Das Tauchboot befindet sich jetzt in 52 m Tiefe.

  c) *Rechengeschichte:* Herr Kohl hat 23 € Schulden. Einen Monat später hat er schon fünfmal so viel Schulden. Wie viel Schulden hat Herr Kohl dann?
    Rechnung: $-23 \cdot 5 = -115$
    Antwort: Herr Kohl hat dann 115 € Schulden.

  d) *Rechengeschichte:* In der Nacht betrug die Temperatur –24 °C. Am Tage betrug die Temperatur dann nur noch ein Viertel der Nachttemperatur. Wie kalt war es am Tage?
    Rechnung: $-24 : 4 = -6$
    Antwort: Tagsüber betrug die Temperatur –6 °C.

  e) *Rechengeschichte:* Das Hochwasser war zu Beginn der Woche 13 dm über Normalnull. Im Laufe der Woche stieg es sechsmal so hoch. Wie war der Wasserstand am Wochenende?
    Rechnung: $+13 \cdot 6 = -78$
    Antwort: Am Wochenende war das Hochwasser 78 dm über Normalnull.

10. Die Gebühren betrugen im Jahr 2016 vierteljährlich 52,50 €.
    $-52,50 € - 4 = -5\,250\,ct \cdot 4 = -21\,000\,ct = -210 €$
    Die Gebühren betragen im Jahr 2016 jährlich 210 €.

230

11. a)

    b)
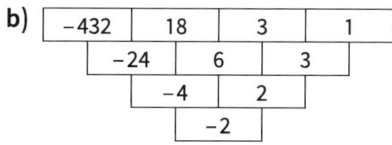

12. a) $x = -102 : 17 = -6$
  b) $x = -6 \cdot 12 = -72$
  c) $x = -72 : 4 = -18$
  d) $x = -345 : 23 = -15$

  e) $x = -152 : 8 = -19$
  f) $x = -22 \cdot 11 = -242$
  g) $x = -576 : 8 = -72$
  h) $x = -217 \cdot 7 = -1\,519$

  i) $x = -104 : 13 = -8$
  j) $x = -966 : 14 = -69$
  k) $x = -252 : 21 = -12$
  l) $x = -27 \cdot 14 = -378$

230

13. a) *Beispiele:*

$x - 4 = -104$	$x : 2 = -13$	$x - 10 = -260$	$x - 15 = -390$
$x = -104 : 4$	$x = -13 - 2$	$x = -260 : 10$	$x = -390 : 15$
$x = -26$	$x = -26$	$x = -26$	$x = -26$

b) **(1)** *Beispiele:* **(2)** *Beispiele:* **(3)** *Beispiele:* **(4)** *Beispiele:*

$x - 3 = -45$	$x - 8 = -56$	$x - 3 = -72$	$x - 11 = -121$
$x : 3 = -5$	$x - 4 = -28$	$x : 6 = -4$	$x - 2 = -22$
$x : 5 = -3$	$x - 11 = -77$	$x : 12 = -2$	$x : 11 = -1$

14. Lisa:

Lisa:	Sophie:	Maria:
$-308 : 4 = -77$	$+252 : 4 = +63$	$-196 : 4 = -49$
$-308 : 7 = -44$	$+252 : 7 = +36$	$-196 : 7 = -28$
$-308 - 3 = -924$	$+252 - 3 = +756$	$-196 - 3 = -588$
$-308 - 9 = -2\,772$	$+252 - 9 = +2\,268$	$-196 - 9 = -1\,764$
$-308 : 2 = -154$	$+252 : 2 = +126$	$-196 : 2 = -98$

15. a) $x = (-49 - 14) : 9 = -7$ **e)** $x = (3 + 2) \cdot 4 = +20$ **i)** $(30 - 2) : 7 = 4$

b) $x = (-241 - 32) : 21 = -13$ **f)** $x = (-4 - 6) \cdot 5 = -50$ **j)** $(3 - 2) \cdot 7 = 7$

c) $x = (-98 - 26) : 31 = -4$ **g)** $x = (-8 + 2) \cdot 3 = -18$ **k)** $(-2 + 5) \cdot 8 = 24$

d) $x = (-126 - 61) : 17 = -11$ **h)** $x = (-9 - 5) \cdot 7 = -98$ **l)** $(76 - 16) : 15 = 4$

16. –